KB236240

계량적 메뉴관리 방법론

메뉴엔지니어링을 넘어서

강성부 저

도서출판 효 일
www.hyoilbooks.com

책을 여는 글

'먹는장사 남는 장사'라더니, 몇 주전인가 외식사업체 업주들이 모여 그릇을 부수면서 시위하는 모습에 참참함을 금할 수 없었다. 필자에게는 무척 큰 충격으로 다가오면서도 지금까지 우리나라 '식당업' 현주소를 돌아보게 하는 계기가 되었다. 강압적 계획 성장시대에는 숱한 식당들이 과소비를 조장하는, 혹은 물가를 끌어올리는 낭비적 분야로 찍혀 그 문화적 가치나 산업 경제적 기여도에도 불구하고 전혀 대접을 받지 못했었다. 다행히도 90년대 이후 경제사회가 안정되고 국제적 교류가 활발해지면서 음식, 요리가 여러 가지 측면에서 제자리를 차지하는 계기를 맞고 있다.

그럼에도 불구하고 우리나라의 외식 산업은 여전히 그 낙후성을 떨쳐내지 못하고 있음은 부인할 수 없는 사실이다. 그 이유는 보는 시각에 따라 다양하게 설명되겠지만, 필자의 관점에서 몇 가지로 정리해 본다면 다음과 같다.

그 첫째가 전문성의 부족이다. 흔히 '밥장사'라고 비하하며 아무나 조금 알면 마치 다 아는 듯이 이야기하고 그 계통에서 어떻게든 장사하여 돈을 좀 벌면 자신의 경험이 마치 대단한 것처럼 주장한다. 물론 외식업, 그 중에서도 소규모 가계형 식당이야 경험과 무형의 노하우가 중요한 것은 사실이다. 하지만 우리나라의 외식산업을 이러한 자기만족형 비전문가에 맡겨 두기엔 불안하다. 외식산업의 세분화된 분야별 진정한 전문가가 육성되어지고 그들의 논리적, 과학적 주장이 근본을 튼튼히 해야 한다.

둘째, 개념의 명확화가 필요하다. 음식을 만들어 먹는 행위와 비즈니스로서의 조리는 엄연히 다른 개념적 공간에 있다. 사회 문화적 영역의 식문화와 경제적 영역의 외식산업은 상호 영향을 주고 발전을 견인하지만 서로 별개의 분야이다. 따라서 정부가 정책을 세워 집행하거나 사회, 경제적인 현상을 분석할 때 이런 개념들의 혼선은 잘못된 결과를 낳게 된다. 과연 우리나라의 음식 관련 문화 보호 장려정책이나 각종 전통음식 축제가 우리의 외식산업에 얼마만큼 도움이 되었는지 살펴보라. 외식 산업은 이미 국가 경제의 큰 축을 담당하고 있다. 또 문제가 있다면 그 속에서 찾아 해결해야 한다.

셋째, 규모의 영세성과 감상적, 근시안적 사업 형태를 들지 않을 수 없다. 경기가 어려워지면 누구나 소규모의 자본으로 쉽게 외식업 분야에 뛰어든다. 물론 그 성공 가능성은 아주 작지만 지금도 여전히 소규모의 창업과 폐업은 이어지고 있다. 이 또한 외식 산업에 대한 만만하다는 생각, 무지에서 오는 결과라고 생각한다. 이런 경향과는 다르게 돈 있는 부자들이 자신의 취미처럼 식당을 하는 경우가 있다. 대부분 사업성은 무시하고 국적불명의 고급 식당인 경우가 많은데 이 또한 우리나라의 외식산업을 왜곡시키고 있는 주범 중의 하나라고 볼 수 있다.

마지막으로 넷째, 교육의 문제를 들 수 있다. 외식 산업에 종사할 전문가 양성이 관련 교육기관의 목표가 되어야 하며, 또한 각급 대학에서는 이에 맞춰 교육과정을 수립해야 한다. 대학만이 아니라 특성화된 고등학교나 각종학원도 같은 범주에 속한다. 과연 우리의 학교가 그런 목표에 걸 맞는 교육을 시켜내고 있는지 자성해 보자. 우리나라 외식산업의 발전을 견인할 인재를 양성하기에 현재의 교육체계, 내용이 적합한가. 필자도 교육현장에 있으면서 가슴 아프게 생각하고 있는 부분이다.

그렇다고 비관만 할 필요는 없다. 밝은 외식산업의 미래를 열기 위해 치열하게 준비하는 움직임들이 있고, 선도적인 기업가들이 있기 때문이다. 필자는 지난 10여년 동안 고민하고 연구해온 메뉴분석 관련 자료를 정리하여, 이러한 외식산업 발전에 조그마하나마 힘이 되었으면 하는 바램으로 두려운 마음과 함께 본 책을 낸다.

본 책은 식당 경영에서 가장 중요한 것 중 하나인, '메뉴의 구성과 가격을 어떻게 하는 게 가장 수익성을 높여 주는지'를 계량적으로 분석하는 방법 소개서라고 할 수 있다. 극히 일부의 내용을 제외하고는 대부분 필자가 새롭게 고안한 분석도구이거나 논리이기 때문에 혹시 일부 모순이 발견될 수도 있고 조금은 억지 논리가 숨어 있을 수도 있다. 이는 전적으로 필자의 부족한 탓으로, 지적해 주시면 겸허히 수용하여 개정판을 내려고 한다.

계량적인 접근을 했기 때문에 수리에 약한 대학 1, 2학년에게는 조금 어려울지 모르겠다. 어려운 분들에게는 II, III장만이라도 보시길 권한다. 그리고 외식분야에서 성공하고자 하는 젊은이들이여 수학을 공부하시라!

이 책은 필자가 처음 필자의 이름으로 출판된 책이다. 떨리는 마음과 책임감이 버겁다. 앞으로 학문적으로 정진하는데 초석으로 삼아야 하겠다.

이 책이 나오기까지 함께 고생해준 연구실 식구들, 김종진 선생, 영범, 은진, 현진, 수진, 선영, 재영, 주형에게 고마움을 표하며, 건강을 염려하여 주신 김성경 총장님께, 곁에서 힘을 준 미자씨에게도, 출판이 되도록 해주신 효일의 김 사장님께도 감사드린다.

끝으로, 고향에서 늘 지극한 사랑으로 지켜주시는 부모님께 이 책을 바친다.

2004년 겨울의 한자락에서
필자 강성부 드림

차 례

제 I 편   먼저 알아두어야 할 것들

1. 메뉴의 일반적인 의미

1) 메뉴의 개념과 유래

역사 깊은 레스토랑 비즈니스만큼이나 '메뉴'란 말은 사용 된지 오래 되었고, 그 개념이 조금씩 변화하며 오늘날에 이르러서는 레스토랑에서 가장 흔히 쓰이는 중요한 용어가 되었다.

메뉴는 식당을 찾는 고객에게는 그 식당에서 준비하여 판매 혹은 제공하는 요리나 음료 등의 단순한 목록의 의미로 작용한다. 반면, 식당을 운영하는 사람의 입장에서 본다면 메뉴는 그리 간단하게 생각해서는 안될 중요성이 있다.

(1) 메뉴란 무엇인가?(What is a menu?)

우리가 알고 있듯이 예전에는 각종 식당에서 문자화된 메뉴를 사용하지 않았다. 단지, 서비스를 담당하는 직원들이 그 날의 요리로 기억했다가 손님에게 얘기하곤 하는 게 고작이었다.

어느 날 파리 시내의 한 식당 주인이 그 날에 준비된 메뉴를 적은 게시판을 식당 입구에 세우고 지배인이 그 옆에 서 있다가 고객이 들어오면 메뉴에 대해 설명해주고 주문을 받게 되었는데, 그것이 오늘날과 같은 메뉴의 유래가 되었고, 고객이 주문한 메뉴를 작은판에 메모하여 허리춤에 차고 다니며 주문 사항을 체크하기도 하였다.

시간이 흐르면서 식당의 규모가 커지고 메뉴가 복잡해짐에 따라 먹고싶은 요리를 선택할 고객에게나 식당 운영자에게 글자화 되어 정돈된 메뉴의 필요성이 대두되었다.

또한, 18C 프랑스 혁명기를 전후로 하여 파리 시내의 정찬 레스토랑에서 오늘날과 같은 메뉴를 사용하기 시작하였는데, 이는 귀족들의 연회에서 고급스럽게 만들어져 사용되었던 메뉴 대중화의 서막이 되었다.

메뉴란 말은 불어에서 유래되었다. '상세한 목록(a detailed list)'이라는 뜻으로 그 어원은 라틴어의 'minutes'에서 찾을 수 있는데, 그 말은 '작은, 줄어든'이란 뜻을 내포하고 있다.

여기에 근거를 두고 '메뉴'를 정의해 본다면 '작으면서 상세하게 적힌 목록(a small detailed list)'이라고 할 수 있겠다.

한편, 메뉴란 말 대신 bill of fare란 용어도 쓰이는데 fare가 음식이란 의미를, bill이 목록을 의미하기도 하기 때문에 비슷한 뜻이라고 해석해 볼 수 있다.

<Manegement by Menu 3rd edition 1994. Lendel H. koschevar>

(2) 메뉴의 기능

메뉴의 기본적인 측면에서 본다면 메뉴에는 두 가지 기능이 있다. 첫째는, 식당 운영자에게 영업에 필요한 계획을 수립하고 인력을 확보하여 체계적으로 일을 하도록 하는 관리 및 통제를 위한 기본 자료로서의 기능이다. 세부적으로 이 기능의 영역을 본다면 각종 식자재 구매의 기준, 직원 근무스케줄 작성, 추가인력 투입(예를 들어 아르바이트)여부, 직무분담 및 책임소재규정 등에 대한 가이드라인으로서의 역할을 한다. 둘째, 인쇄된 안내문으로서 고객에게 무엇을 어떻게 제공하겠다는 약속의 기능이다. 이 기능에는 구체적으로 상품 즉, 메뉴목록, 가격, 영업시간과 더 나가서는 마케팅적 기능까지 수행한다.

이러한 기능들을 훌륭히 소화해 내는 메뉴는 고객에게는 식사와 음료의 선택을 편리하고 유쾌하게 할 수 있도록 하며 식당 운영자에게는 상품 즉, 메뉴화된 요리를 생산하고 판매하여 매출 및 수익 등을 예측하고 관리할 수 있도록 한다.

한편, 우리가 흔히 '메뉴'라는 용어를 사용할 때 그 쓰이는 의미를 구체적으로 분류하여 본다면 크게 세 가지로 나눌 수 있다<그림 I-1>.

첫째, 우리는 흔히 '메뉴판'이라는 말과 동일한 단순한 의미로 '메뉴'라는 말을 쓰고 있음을 알 수 있다. 이러한 개념으로 사용된 메뉴라는 말은 그 어원적 의미와 거의 일치된다.

하지만, 메뉴를 공부하는 전문가들로서는 좀더 세부적으로 과학적인 개념 구분을 통해 용어를 이해할 필요가 있다. 의미를 좁게 한정시켜 본다면 '메뉴판'과 동일한 범위, 혹은 개념으로서의 메뉴는 식당을 찾는 고객들로 하여금 어떤 요리 등이 준비되어 있어서 무엇을 골라 먹을지 판단하기 쉽게 하고 식당 운영자로서도 고객을 많이 찾아오도록 하기 위해 '멋있게' 만들어야 하는 판매상품 카탈로그와도 같은 의미로, 이것은 다음에 서술되는 개념들과는 확실히 구별되어진다.

첫 번째 개념으로서의 '메뉴'는 디자인적 관점, 즉 어떻게 하면 고객에게 보다 더 어필할 수 있을 것인가 하는 마케팅 수단으로서의 기능이 중시되는 관점이다. 이러한 측면에서 볼 때 '메뉴판'과 동일한 개념으로서의 메뉴는 본 책자에서 다루고자 하는 분야와는 거리가 멀다.

둘째로, '메뉴를 구성하다', '메뉴를 짠다'라고 할 때의 메뉴라는 말을 생각해보자. 보다 구체적으로 '다같이 오늘의 저녁식사 메뉴를 정합시다'라고 하거나 '구내식당의 점심메뉴는 뭐지?'라는 문장 속에서의 메뉴가 두 번째 메뉴의 개념이다. 이를 정의하여 본다면 한 끼의 식사를 하는데 한꺼번에 제공을 받든, 차례에 따라 순서대로 제공을 받든, 혹은 직접 셀프 서비스를 하든, 한 사람이 먹을 수 있도록 구성된 요리들이라고 할 수 있다. 예를 들어 갈비집에 가서 갈비와 냉면을 먹고 후식으로 나오는 과일까지 먹었다고 하면, 각각 가격이 얼마이며 따로 계산해야 하는지의 여부를 떠나 그 식사의 메뉴는 "갈비, 냉면, 과일"이 되는 것이다. 단체 급식의 경우 '식단'이란 말이 이 두 번째 의미의 메뉴와 비슷하게 쓰인다.

이 두 번째 개념의 메뉴는 그 구성의 조화로움이나 과학성이 중시되어진다. 서양식 요리에서는 메뉴를 구성하는 일정한 원칙을 두어 어떤 특정한 식사를 위해 메뉴를 구성하여 판매하거나 손님들에게 제공된다. 특히, 병원식이나 어린이 등을 위한 학교급식의 경우 그 요리를 먹는 대상에 따라 특정 목적의 메뉴가 구성되어지며 이때에는 영양, 소화 등 식품학적

지식이 요구된다<참고 I-1>.

마지막으로 식당 영업에 있어서 판매 단위로서의 '메뉴'라는 개념을 생각해 볼 수 있다. 식당 기업을 운영하는 사람의 입장에서는 고객이 어떤 특정한 하나를 택하든 몇 가지를 골라 같이 먹든 매출과 수익을 많이 올리면 좋은 일이다. 또한 돈을 받고 판매하는 상품(메뉴)을 어떻게 묶어서, 혹은 분리하여 얼마를 받고 팔 것인가 하는 것은 그 식당의 수입 구조에 결정적인 영향을 미친다. 이때 식당에서 돈을 받고 판매하는 각각의 상품들과 그 목록을 세 번째 개념의 '메뉴'라고 할 수 있다.

예를 들어 갈비 1인분과 냉면을 묶어서 15,000원을 받는다면 '갈·냉정식'이라는 이름으로 판매되는 하나의 메뉴가 될 수 있고, 매출 기록, 원가관리 등 모든 기준도 하나로 다루어지게 한다. 그러므로 식당 영업 현실에서는 이러한 판매단위로서의 메뉴에 대한 전략이 매우 중요하고 그에 따라 영업 손익이 큰 영향을 받는다. 본 책자에서도 이러한 판매단위로서의 메뉴에 대해 주목하고 어떻게 그 구성 전략을 잘 가져감으로써 식당영업에 직접적인 수익효과를 내게 할 것인가를 논하게 될 것이다.

<참고 I-1> 프랑스 요리 메뉴의 구성

Classical menu
*차가운 요리(hors d'oeurvre froid)
*스튜(potage)
*뜨거운 전채요리(hors d'oeurvre chaud)
*생선요리(poisson)

***메인요리(Grosse Piece)**
뜨거운 요리(Entree chaude)
차가운 요리(Entree froid)
구운요리(Roti)
야채요리(Legume)

*샤벳(sorbet)
*샐러드(salade)
*메인 후 요리(Entremets)
*식후 요리(savoury)
*디저트(dessert)

Modern shortened Menu
*cold hors d'oeurvre
*soup
*Hot hors d'oeurvre
*meat dish with garnish
*saled
*sweet dish
*dessert

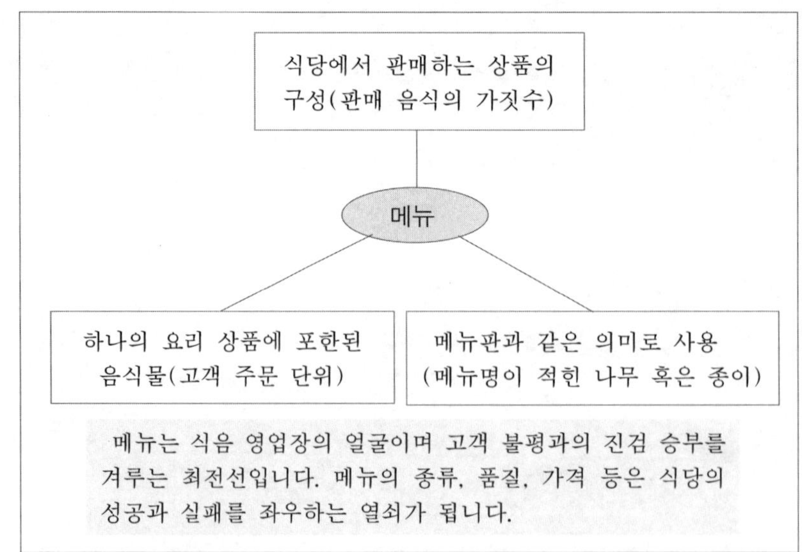

<그림 I-1> 메뉴의 정의

<참고 I-2> 저자의 ○○사 사내보 기고문(1999년)

메뉴의 참뜻

우리는 일상적으로 식당을 드나들면서 '맛'을 이야기한다. "맛있게 먹었다", "그 집 되게 맛없네" 등으로 평가를 내리고는 단골이 되기도 하고 두 번 다시 찾지 않기도 한다. 그렇다면 여기서 말하는 '맛'이란 무엇인가? 단지 입 속에서 느끼는 좁은 의미의 맛(taste)만을 의미하지는 않을 것이다. 식품학에서는 음식의 맛을 '인체의 오감(청각, 시각, 후각, 촉각, 미각)을 통해 감지되어 순간적으로 판단되어지는 종합적인 자극'이라고 한다. 단순히 한두 가지 감각기관에 의한 느낌만은 아니라는 것이다. 실험에 의한 연구결과를 보면 보통수준의 식당에서 고객은 맛의 평가를 종합적으로 하고 있음을 발견하게 된다. 한 사람이 식당에 들어가게 되면 환대, 분위기, 조명, 음악, 배경 등에 첫인상을 받으며 자리에 앉아 음식을 주문하고 기다린다. 잠시 후 음식이 나오게 되는데 처음 음식을 접하게 되는 기관인 눈으로 음식의 외형을 보게 되고 다음으로 냄새를 맡게 된다. 이어서 수저나 포크 등을 이용하여 음식을 들게 되며 이때 촉감을 느끼게 된다. 여기까지에서 음식을 먹는 사람은 평가의 70%를 결정하게 된다는 것이다.

그러므로 식당은 단순히 음식을 파는 곳이 아닌 것 같다. 고객과 약속된 수준 이상의 맛과 멋을 담은 상품을 거래하는 곳이라는 얘기다. 즉, 여기에서의 상품이 바로 메뉴라고 볼 수 있다. 아무렇게나 만들어낸 음식을 메뉴라고 볼 수는 없다. 그러기에 메뉴 또한 신중하게 결정되어야 한다. 상품을 제품＋서비스라고 한다면 메뉴는 음식＋서비스라는 등식이 성립된다. 식당은 음식을 파는 곳이 아니라 메뉴를 파는 곳이다. 그러므로 메뉴는 식당의 수준을 대변하는 얼굴이며 고객과의 약속이고 식음 비즈니스의 처음이며 시작인 것이다.

2) 메뉴의 경향

우리나라 식당경영에 있어 메뉴의 시대별 경향을 보면 1950년대에는 먹고살기가 힘든 사회현상과 생존권의 영향을 받을 만한 경제 사정 속에서 자연식품을 위주로 한 식물성 위주의 메뉴가 주를 이루었고 희소성에 의한 동물성 메뉴가 최고의 상품으로 등장한 시대였다.

식당경영의 성패는 양에 있었다고 해도 과언이 아닐 정도의 궁핍한 시기였으며 이때 성행했던 단어로는 '곱배기', '왕만두', '왕대포'와 같은 양을 대표하는 단어들이 탄생하게된 시대였다.

1960년대에는 메뉴에 대한 인식단계로 접어들게 되었고, 1963년 라면이 들어와 1원에 팔리기 시작하면서 가공식품이 눈부시게 발전하게 되었으며 양적인 식당경영에서 질적인 면이 중요시되어지는 시발점의 시대가 되었다.

1970년대에는 배고픔 시대에서 어느 정도 벗어나 우리나라 사람들의 '빨리빨리'라는 습관에 맞는 패스트푸드가 등장하면서, 음식을 선택하여 먹게되는 선택단계에 들어섬과 동시에 질적인 면에서 맛과 멋을 중시하는 미적인 측면에 돌입하게 된다.

1980년대는 외식산업이 눈부시게 발달하는 식도락 단계라 볼 수 있는데, 고객들은 맛있고 분위기 있고 깨끗한 브랜드를 찾아 음식을 즐기는 시대가 되어, 이에 발빠르게 체인레스토랑이 발전하는 시대가 된다. 이때에 데코레이션과 음식을 담는 접시 등을 중요시하던 시대를 마감하면서 성인병이 갑자기 불어닥치는 바람에 내추럴(Natural)하고 복잡하지 않은 자연식을 위주로 한 측면을 중요시하게 되었다.

1990년대는 IMF이전과 이후로 양분되는데, IMF이전은 식품의 예술화단계로서 자연식품을 위주로 한 음식 등이 최절정에 다다르게 되고, IMF이후는 식품의 정보화 단계로서 건강식품이 전국을 강타하게 되면서 복고풍의 옛날 전통음식을 위주로 한 가격 양극화 현상이 나타나게 된다.

2000년대에는 식품의 탈국적화 현상으로서 퓨전(Fusion)메뉴들이 외식시장을 소용돌이치게 하는데, 메뉴구성에 따른 양식과 한식, 중식과 한식, 일식과 한식, 양식과 중식, 양식과 일식 등이다. 또한, 메뉴 이름에 따른 퓨전 즉, 마담버터플라이(샤브샤브 쇠고기 야채), 비너스의 탄생(가리비 구이), 헤라클레스의 열애(버섯 핫 샐러드), 시저의 정원(즉석 샐러드), 로데오켄터키(양념 후라이드치킨) 등이 그것이다.

퓨전이 하나의 메뉴로 자리잡고 있는 현재, 아셈을 계기로 밀레니엄 메뉴가 선을 보이면서 음식점엔 또 다른 바람이 불고 있다. 밀레니엄메뉴는 퓨전과 같이 한 음식에 다른 나라 메뉴 두 가지 이상을 섞어내는 것이 아니라, 메뉴 풀코스 중에서 전채는 미국식, 수프는 일식, 메인은 한국식, 샐러드는 이태리식, 디저트는 중국식 등으로 각국의 음식을 코스별로 넣는 것인데, 여러 나라 음식을 다양하게 즐길 수 있기 때문에 많은 인기를 얻고 있다.

앞으로의 메뉴의 전망은 기능성식품을 위주로 건강과 고통에서 해방하려는 속성에 근거한 메뉴가 계속 전개될 것으로 전망되어지고 있다.

2. 메뉴의 기능과 중요성

1) 메뉴의 기능 및 역할

(1) 고객 측면

메뉴는 <그림 I-2>에서 보는바와 같이 고객의 Needs(현재적 욕구)와 기능(역할)의 Wants(잠재적 욕구)를 최대한 만족할 수 있어야 한다. 그런데 고객의 욕구를 보면 어떤 고객은 가격이 저렴하면서 음식의 양이 많은 것을 요구할 수도 있고, 어떤 고객은 가격에 비한 음식의 질과 양을 적당히 요구할 수도 있으며, 어떤 고객은 가격이 비싸더라도 높은 질을 추구할 수도 있다. 이처럼 서민층, 중산층, 상류층에 따른 욕구가 다르며 같은 계층에서도 개인에 따라서 욕구가 천차만별로 다르다는 것을 먼저 의식해야 한다. 고객은 메뉴에 대한 각자의 욕구가 있으므로 그에 따른 **메뉴는 고객의 욕구를 최대로 만족시켜주어야** 한다.

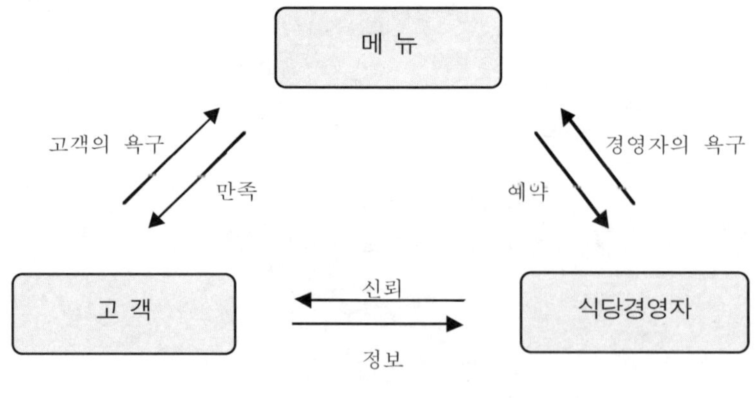

<그림 I-2> 메뉴의 기능

(2) 경영자 측면

식당 경영자들도 메뉴에 대한 기대욕구가 다르게 나타나는데, 질과 양의 가격에 따라 느끼는 경영의 정도가 다르고 수익성에 따른 금액의 만족도가 각기 다르게 나타난다는 사실을 인식해야 한다. 메뉴에서는 경영자의 욕구에 따라 수익성 보장을 통한 만족을 주어야 한다.

(3) 고객과 경영자의 관계측면

경영자가 마케팅을 통하여 고객의 Needs와 Wants를 정확히 파악한 후 메뉴를 제공한다면 고객은 식당에 대한 신뢰를 느끼고 그에 대한 보답으로 사회적, 시대적 욕구에 따른 고객의 정보를 경영자에게 제공한다.

(4) 종업원 측면

메뉴, 고객, 식당 경영자의 가장 적절한 이론적 역할이 식당경영을 성공시키는 것은 아니다. 메뉴와 고객과 식당경영자를 연결시키는 종업원이 그 무엇보다도 중요한 측면으로 부각되었다는 사실을 인식하는 것은 고객이 원하는 메뉴나 식당경영자가 원하는 메뉴를 만들고 제공하는 종업원이기 때문이다. 그렇기 때문에 메뉴는 고객, 종업원과 식당경영자의 각자의 역할을 잘 통합·조정되어질 때 메뉴의 기능을 최대로 발휘할 수 있게 된다.

2) 메뉴의 중요성

메뉴의 중요성을 다음과 같이 열거할 수 있다.

(1) 매장 내에서 고객과 접촉하는 1차적 수단이다.

매장 경영자는 메뉴를 통해 이익을 내고, 고객은 메뉴를 통해 선택한 상품에 만족을 추구하려는 상호간에 이루어지는 일종의 커뮤니케이션 통로이다.

(2) 이미지와 마케팅의 수단이다.

메뉴는 구매의욕을 불러일으키는 마케팅 도구로 활용할 수 있다. 적당히 책정된 가격, 훌륭한 디자인, 눈에 띄게 배치한 특선 메뉴 등으로 고객에게 임팩트를 주어 객단가를 상승시키고 특정 아이템에 대한 매출을 상승시킬 수 있다. 또한 메뉴의 재질 및 디자인, 구성요소, 판매 아이템 등으로 그 매장의 분위기 및 이미지를 고객에게 표현할 수 있다.

(3) 매장관리 형태를 결정짓는 요소로 작용한다.

어떤 음식을 제공하느냐에 따른 식재료 구성, 내용에 따른 식재료의 구매, 검수, 저장, 재고관리, 음식의 조리, 서비스나 작업 계획 등 주방 및 홀 경영관리의 여러 가지 형태가 결정될 수 있다. 더 나아가, 메뉴 판매에 따른 식음료 원가관리에 커다란 영향을 미치게 된다.

(4) 주방설비와 배치를 좌우하는 요소로 작용한다.

메뉴의 내용과 범위에 따라서 주방에 필요한 설비와 배치가 결정된다. 메뉴를 변경하거나, 메뉴를 추가할 경우, 적합한 주방기기 및 기구를 추가로 배치하거나 주방구조를 재조정해야 한다. 따라서 주방 설비 및 장비의 배치 등 주방 공간의 모든 부분에 영향을 미치게 된다.

3. 메뉴의 계획 과정

1) 메뉴 계획의 수립 과정

메뉴 계획의 수립과정은 관점에 따라 두 가지로 해석할 수 있다. 넓은 의미로 보면, 메뉴를 개발하는 것에서 시작하여 고객에게 판매되는 모든 프로세스라고 규정할 수 있으며, 작게는 일정 형태의 정해진 업장에서 고객을 만족시키고 동시에 경영자의 목표에 맞도록 어떤 메뉴를 몇 가지로 할 것이냐를 규정하는 것이라고 볼 수 있다.

어떤 경우에든 메뉴 계획은 다음과 같은 세가지를 토대로 하여 계획되어져야 한다.

첫째, 고객의 욕구를 만족시킬 것

둘째, 고객에게 가치(Value)를 제공할 것

셋째, 경영목표에 부합되는 비용(Cost)이어야 할 것

(1) 고객 만족 (Customer Satisfaction)

고객을 만족시키기 위한 메뉴계획을 위해서는 사회문화적 요소와 영양적 요소, 그리고 가장 중요한 미적인 요소가 고려되어야 한다.

① 사회문화적 요소(Sociocultural Factor)

사회문화적 요소로서는 관습, 가치관, 지형적 특성 등을 들 수 있다. 사회 문화적 요소가 중요한 점은 고객이 상품과 서비스의 좋고 나쁨을 결정할 수 있는 권한이 있기 때문이다. 그러므로 고객의 식문화 패턴, 지정학적인 특수성, 선호 식재료, 나이 등이 메뉴계획의 가장 최우선 순위로 고려되어야 한다. 때때로 메뉴계획자가 고객의 성향이 아닌 자신의 성향에 따라 메뉴를 작성하는 것은 절대금물이다. 고객의 식습관과 선호도를 파악하기

위해서 메뉴 계획자는 고객설문이나 고객과의 인터뷰, 고객 의견 카드 또는 고객이 버리거나 남긴 잔반을 통해 데이터를 수집하고 측정해야 한다.

② 영양학적 요소(Nutritional Factor)

영양학적 요소는 점차 고객들이 관심을 크게 나타내고 있는 사항이며, 특히 병원 급식이나 학교급식에서는 고객의 영양학적 요구에 알맞게 메뉴 계획이 선행되어야 한다.

최근 건강과 장수를 하기 위해 영양의 중요성에 대한 인식이 각종 미디어를 통해 급격히 증가하는 상황에서 일반 레스토랑에서도 간과해서는 안 될 요소이다. 예를 들어 NRA(National Restaurant Association) 의 미국인을 대상으로 한 최근 조사에 따르면, 전체 응답자중 50% 주문시 저지방, 저칼로리로 구성된 메뉴를 염두에 둔다고 했고 60%는 지난 몇 년 사이에 영양에 관해 관심을 가지게 되었다고 응답했다.

③ 미적인 요소(Aesthetic Factor)

메뉴계획에 있어, 미적인 요소를 구성하는 요소는 다음과 같이 분류해 볼 수 있다<참고 I-3>.

<h3 align="center"><참고 I-3> 미적 구성 요소</h3>

풍미 (Flavor)	☞ 맛이 연한가, 강한가, 단맛인가, 짠맛인가와 같은 미각과 관련된 요소이다. ☞ 메뉴를 구성할 때 같은 맛이 반복되면 좋은 메뉴계획이 아니다. ☞ 스파게티+미트소스, 샐러드+토마토 꽁까세, 돼지 편육+새우젓/김치처럼 서로 가진 특성을 보완해주는 계획이 필요하다
질감 (Texture)	☞ 음식을 먹을 때 바삭한가?, 부드러운가?, 딱딱한가? 와 같이 입안에서 느껴지는 감각을 의미한다. ☞ 부드러운 크림수프에 바삭한 비스킷을 곁들인다든지, 바삭거리는 돈까스에 부드러운 양배추샐러드를 곁들인다든지 등은 질감의 조화를 고려한 메뉴 계획이라 할 수 있다.
농도 (Consistency)	☞ 음식의 견고함의 정도를 표현하는 요소로 보통 소스에 적용되는 사항이며, 묽은지, 짙은지, 굳었는지도 표현된다.

색 (Color)	☞ 음식뿐만 아니라 접시, 트레이, 카운터 디스플레이까지 모든 컬러 요소는 메뉴아이템을 선정시, 조화롭게 이루어져야 한다. ☞ 하얀색 일변의 음식 구성 또는 한식에서 흔히 볼 수 있는 매운 적색 일변도의 색깔 구성은 고객에게 어필할 수가 없다.
형태 (Shape)	☞ 인력 또는 기계의 힘으로 식재료를 여러 가지 형태로 표현하여 메뉴를 제공한다면 고객들에게 흥미를 자아낼 수 있다. 　예를 들어, 감자튀김도 흔히 보는 긴막대기 형태가 아닌 회오리 모양, 원모양, 스프링 모양으로 다양한 형태로 가공이 가능하다.
결합 (Combination)	☞ 각각의 재료를 조리방식을 서로 다르게 해서 결합시킨다면 고객에게 다양성을 제공할 수 있다. 같은 방식의 요리 방법을 한 메뉴에서 동시에 응용하는 것은 피해야 한다. 　튀김요리는 곁들임 음식으로 튀긴 야채를 이용하는 것이 아닌 삶거나 찐 야 채를 곁들이는 것이 조화로운 메뉴계획이다. 찬음식과 더운음식, 조리된 음식 과 신선한 날음식을 결합하는 것도 이에 포함된다.

(2) 경영자적 판단 (Management Decision)

　메뉴는 생산과 코스트 관리를 위한 경영 수단으로 간주되어져야 하는데, 메뉴 계획에 있어 경영과 관련있는 많은 요소를 반드시 고려해야 한다<참고 I-4>.

<참고 I-4> 메뉴 계획 경영 요소

식재료 원가 (Food Cost)	☞ 식재료 원가란 메뉴를 구성하고 있는 식재료 비용을 의미한다. ☞ 메뉴 계획에 의해 식재료 원가가 결정되어지므로, 매니저는 식재료 구매 원가 및 생산원가에 대해 정통해야 한다.
생산 능력 (Production Capability)	☞ 복잡한 메뉴를 생산하기 위해 필요한 인력의 수, 능력, 인력, 운영 시간 등을 고려해야 한다. ☞ 다량 생산이 가능한지, 식재료의 저장 및 보관이 얼마나 가능한지, 메뉴에 따른 적합한 조리기구가 있는지 등의 주방 내 기기의 크기, 갯수 및 용량을 파악해야 한다(통상, 더운 요리가 메뉴의 대부분인 매장에서는 오븐이 부족한 경우가 많고, 이를 저장하기 위한 냉장, 냉동고의 용량이 적은 경우가 많다.).

서비스 형태 (Type of Service)	☞ 테이블서비스 매장과 카페테리아 식당의 메뉴가 상이한 것처럼 서비스의 형태에 따라 메뉴계획 활동은 틀려진다. ☞ 단체급식이나 카페테리아 방식은 다량으로 생산된 음식을 일정한 온도와 맛을 유지하여 제공할 수 있는 시스템을 갖추어야 한다. ☞ 보관된 음식을 잘못 관리하면 상할 우려가 발생하므로 날씨가 더운 시기에는 열을 가하지 않는 음식은 제외하고, 홀딩타임이 긴 메뉴를 고려해서 계획을 세워야 한다.
식재료 입수가능성 (Availablity of Foods)	☞ 외국산 및 국내산 식재료가 4계절 내내 구입가능한지, 어느 시기에 가격이 저렴한지 체크해야 한다. ☞ 최상의 질을 유지하기 위한 식재료의 저장 및 보관 방법을 숙지해야 한다. ☞ 주변 판매상의 식재 판매 조건, 배달 횟수, 배달 유무에 대해서도 파악해야 한다.

2) 메뉴 계획 프로세스

메뉴 계획 프로세스의 원칙은 일반 레스토랑이나 단체급식에서 공통적으로 적용할 수 있다. 차이점은 단체급식을 이용하는 고객들은 외부에 있는 많은 식당 중 하나를 선택하는 것과는 달리 건물 내 일정 공간에서 대부분의 식사를 해결한다는 것이다. 레스토랑의 경우, 어느 고객이 특별한 음식이 먹고 싶어 방문했는데, 매번 메뉴를 교체해서 그 음식을 먹지 못하게 될 경우, 그 고객은 매우 실망할 것이다.

따라서 단체급식의 메뉴계획 과정은 고객들이 다양한 메뉴를 먹을 수 있도록 하는 프로세스가 필요하며, 일반 레스토랑은 메뉴의 평판을 지속적으로 유지하면서 새로운 메뉴를 마케팅 도구로 사용하기 위한 프로세스를 적용 할 필요가 있다.

(1) 단체급식 메뉴 프로세스

보통 단체급식은 학교나 기타 오피스군을 제외하고, 1일 3식의 메뉴계획이 필요하다. 산업체 같은 곳에서는 4~5식의 메뉴계획을 요구하는 곳도 있다. 특정한 경우에는, 간단한 스낵 또는 Take-out류의 메뉴도 계획

해야 할 때도 있다.

　단체급식에서는 사이클 메뉴가 가장 많이 쓰이는데 보통 2~3주간, 또는 1달 이상의 주기로 메뉴가 순환된다.

　1일 3식 메뉴 계획 프로세스를 다음과 같이 요약할 수 있다<참고 I-5>.

<참고 I-5> 단체급식 메뉴 프로세스

일정 주기내의 (석식 메뉴 중복을 피한) 중식 메뉴 주찬류 및 국 계획을 세운다.

석식과 중식에 곁들인 부찬류 및 주찬류에 곁들일 각종 소스류를 계획한다. ☞ 제철에 맞는 농산물(엽채류, 감자, 과일류)를 사용한다. ☞ 부찬류의 커팅, 조리방법, 무침방법을 달리해서 다양하게 보일 수 있도록 한다. ☞ 주찬류가 양식일 경우

떡, 과일, 음료수 등과 같은 디저트 및 대체 반찬에 대해 계획한다. ☞ 석식과 중식의 중복이 없는 디저트류를 계획한다. ☞ 주찬 및 부찬류가 부족할 때를 대비하여 긴급조리 가능한 대체 반찬류를 계획한다.

석식과 중식 메뉴의 계획이 끝난 후 아침 메뉴에 대해 계획한다.

완성된 메뉴 계획을 각각 일단위로 리뷰하고, 고객 요구와 경영목적에 부합되는지 평가한다.

(2) 일반 레스토랑 메뉴 프로세스

　일반 레스토랑에서는 메뉴 계획을 짤 때 어떻게 하면 많이 판매할 수 있을까를 항상 염두에 두고 프로세스를 설계해 나가야 한다. 일반 레스토랑의 메뉴는 보통 고정 메뉴와 고객이 선택할 수 있는 선택 메뉴, 그리고 스페셜 메뉴가 있다. 유명 레스토랑의 경우, 각자의 스타메뉴(Star Menu /Signature Menu)를 가지고 있어 마케팅과 판매촉진의 수단으로 사용되곤 한다.

　일반 레스토랑 메뉴 계획 프로세스를 요약해 보면 다음과 같다<참고 I-6>.
새로운 메뉴를 개발 할 시에도 위의 프로세스에 따라 진행되어야 한다.
위의 프로세스를 통해 메뉴는 효율적/지속적으로 생산되어야 하고, 고객 만족을 위해 항상 최상의 품질을 유지해야 한다.

Star menu
이 용어는 메뉴엔지니어링 결과 수익성도 높고 고객의 선호도도 좋은 영역에 속하는 메뉴를 이르는 말이다. 물론 최근에는 이러한 제한적 의미에서 벗어나 일반적 어떤 레스토랑의 대표적인 메뉴를 의미한다.

<참고 I-6> 일반 레스토랑 메뉴 프로세스

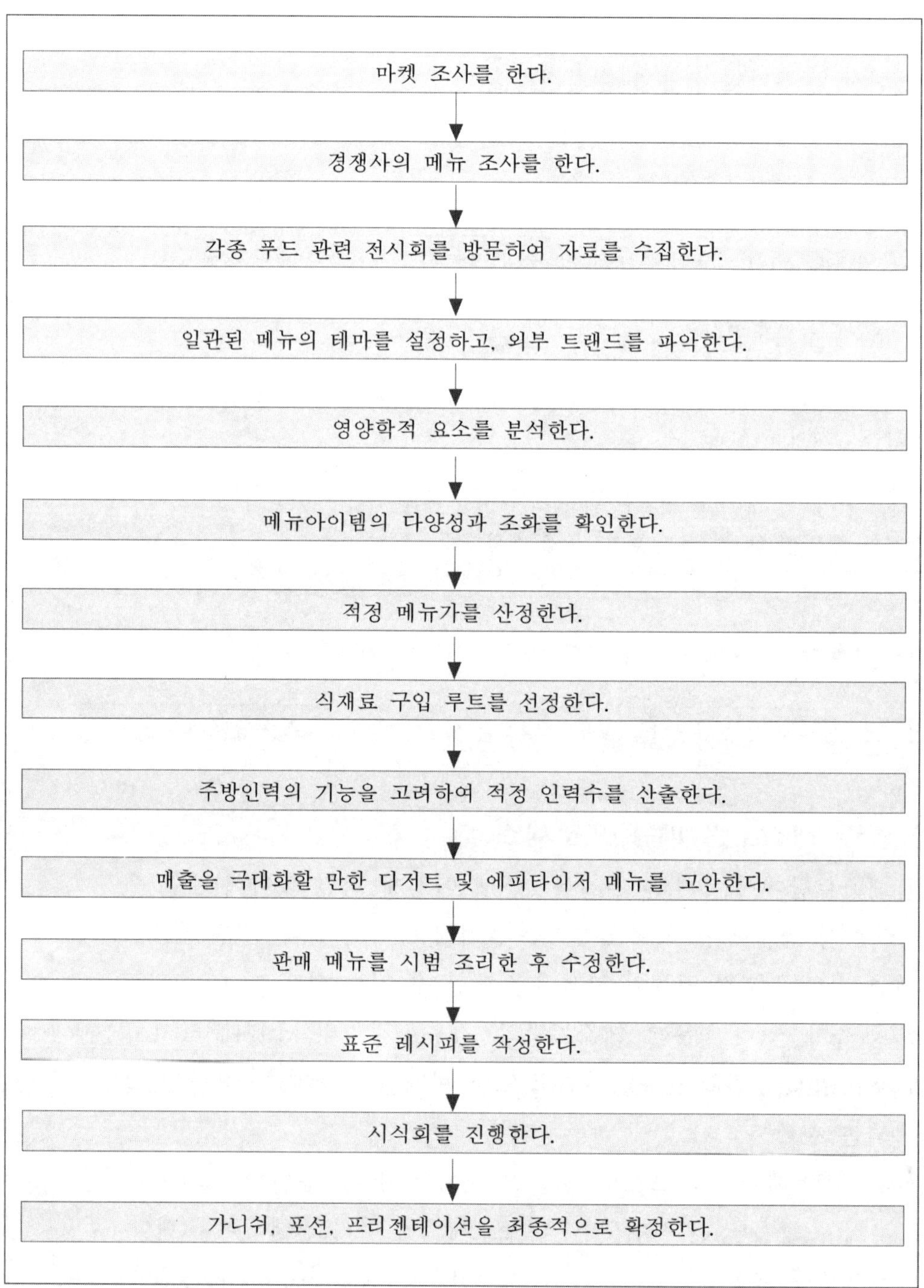

3) 메뉴 계획시 고려사항

메뉴계획이란 제공할 음식의 메뉴를 결정하는 과정으로 메뉴는 업소의 판매상품이자 경영의 객체로 경영 의사결정의 요소인 "무엇을 만들어 팔 것인가"라는 정성적인 계획의 기능을 담당한다.

외식업소에서는 생산성이나 수익성 등에서 최고의 효율을 나타내기 위해서 메뉴의 선택이 필요하다. 효과적인 메뉴 계획은 마케팅의 표적 시장을 정확히 설정하는 것으로부터 시작하여 원가와 품질, 생산능력 등 다음과 같은 여러 요소를 포함한다.

(1) 고객의 욕구 파악

판매하고자 하는 상품, 즉 제공하고자 하는 메뉴의 주력 대상층과 그 대상층의 욕구와 경향을 분석한다. 사회경제적 변화, 수요시장과 공급시장의 변화는 고객의 욕구를 항상 변화시키는 요인으로 작용한다. 이에 따라 시장의 흐름과 목표고객의 경향을 파악하는 것은 주력 메뉴의 종류를 결정하는 가장 중심적인 요소이다.

(2) 원가와 수익성의 함수관계 고려

메뉴의 원가는 식자재비 외에 인건비와 기타 제비용 등을 포함한다. 종전의 개념이 식자재 구매비에만 초점이 맞추어져 있었으나 현재와 같이 인건비 및 기타 제비용의 구성비가 커지는 실정에서 수익성과 연결지어 메뉴가격을 결정하도록 한다. 원가가 높은 메뉴란 식자재의 구매비가 비싼 것 외에도 제공되기까지 많은 인력을 필요로 하는 것이나 특수한 설비 기기를 필요로 하는 것 등으로 가격의 변동에 따라 매출의 추이가 변하는 점을 고려하여 전반적인 사항을 설정해야 한다.

(3) 구입가능한 식자재의 조사

메뉴의 계획시 고려하여야 하는 중요사항은 시장에서 안정적으로 공급되고 있는 식자재의 파악과 공급받는 방법 등을 사전에 조사하는 것이다

(4) 조리기기의 사용 용례와 한계 파악

대부분의 주방설비가 조리시 범용성를 띠고 있으나 품질경쟁력을 갖추기 위해서는 각각의 메뉴특성에 적합한 전문설비의 도입이 필요하다.

(5) 다양성있는 메뉴의 설계

메뉴는 다양성을 지닐 수 있도록 설계를 한다. 주력 메뉴에 조리법이나 식자재를 조금만 변화시켜도 메뉴의 폭과 다양성을 함께 추구할 수 있다.

(6) 영양적 요소 고려

오늘날과 같이 영양에 대한 관심이 증가하는 상황에서 메뉴는 음식의 질에 영향을 준다는 사실을 고려하여 영양적 균형을 함께 계획한다.

4. 메뉴가격 결정방법

메뉴가격을 결정한다는 것은 경영자적인 결단을 요구하는 가장 어려운 부분이다. 메뉴가격에는 레스토랑을 운영하는 데 필요한 모든 비용, 즉 식재료 원가, 인건비, 임대료, 수도광열비, 광고비 등의 기타 운영비가 포함되어야 하며, 경쟁사와 가격 비교와 고객이 느끼는 가치를 고려하여 메뉴 가격을 산정해야 한다.

오늘날에는 메뉴가격 산정을 위해 컴퓨터를 이용하기도 하는데 푸드서비스 경영관련 소프트웨어 프로그램에는 가격을 산정하는데 도움을 주는 기능을 가지고 있다. 판매에 따라 메뉴별 판매량, 포션사이즈, 식재료 코스트, 이익률 등이 계산되어 이를 토대로 경영자적 판단을 내릴 수 있다.

1) 메뉴가격을 결정짓는 요소

<참고 I-7> 메뉴가격 결정요소

고객 요구의 탄력성
☞ 고객 요구는 가격변동, 음식 퀄리티, 환경에 따라 변동이 심함
☞ 고객 수요에 영향을 끼치는 주요 인자가 발생하면 가격을 변화 시켜야 함

밸류에 대한 인지
☞ 음식을 이 가격에 지불할 만한 용의가 있는가?

경쟁사 분석
☞ 그들은 현재 무엇을 하고 있는가?

메뉴, 판매가, 판매량에 대한 연관성
☞ 적은 마진으로 많은 판매를 할 것인가? 판매가 적더라도 높은 마진을 가져갈 것인가?

소요된 운영 경비 및 예상 이익

---

2) 메뉴가격 결정방법

메뉴가를 결정하기 위해서 아래와 같은 다양한 방법이 쓰인다.

(1) 선험적 방법

고객들이 음식가격을 지불하는데 동의하는 선을 추론하여 가격을 결정하는 방법이다. 과학적인 근거가 없는 원시적인 방법이나, 가격에 대한 저항선이 없는 최고급 서비스 레스토랑 또는 차별화된 틈새 전문음식점에서 주로 사용하는 방법이다.

● 고객중심의 가격결정법

고객의 입장에서 경영자가 가격을 결정하는 방법으로 고객이 지불할 수 있는 수준으로 가격을 결정하는 방법이다.

● 저가격법

신제품의 시장침투를 위하여 채택하는 가격법으로 새로운 메뉴를 전체 체인 업소를 통하여 낮은 가격에 판매하여 고객의 주의를 끌며 단기간 시장 점유율을 높이고자 하는 경우에 사용되는 가격 결정법이다.

● 특별봉사 가격법

고객의 주문이 한 메뉴로 한정되지 않는 점을 이용하여 특정메뉴의 가격을 특별봉사 가격으로 설정함으로써 고객의 방문을 유도하고 다른 메뉴로부터 그 이윤을 보상하는 방법이다. 예를 들면 패스트푸드 점에서의 햄버거 메뉴를 최저가격으로 봉사하며 음료수나 프렌치프라이와 같은 다른 메뉴를 판매함으로써 총이윤을 증가시키는 방법이다.

(2) 경쟁사 가격 분석 방법

주변 동종의 레스토랑에서 받는 가격보다 약간 높게 또는 낮게 책정하는 방법이다. 경쟁이 극심한 지역에서는 지속적인 가격 저하를 불러일으켜 서로의 출혈 경쟁을 야기시킬 가능성이 있다. 최근에 계속되는 맥도널드와 롯데리아의 가격 할인 경쟁이 좋은 예이다.

(3) 원가에 따른 가격 결정 방법

다음의 5가지는 가격을 결정하는 데 가장 흔히 쓰이는 전통적인 방법으로 현대에 와서도 여전히 통용되고 있다.

① Factor Method

마크 업(Mark-up) 가격 결정 방법이라고도 하며, 원재료 구매가격에 가격결정 인자(Pricing Factor)를 곱하여 판매가를 구하는 방식이다.

> 판매가＝원재료×가격결정 인자

가격결정 인자는 보통 100나누기 희망하는 식재료 원가율을 나누면 된다. 희망하는 원가율이 30%라고 하면 가격결정인자는 100÷30＝3.33이 된다.

예를 들어 스파게티 원재료 구매가가 모두 1,500원이고, 희망하는 원가율을 30%라고 할 때, 판매가는

> 1,500원×33.3＝4,995원≒5,000원

이 방법은 간단하나, 원재료 원가 이외의 다른 비용 요소들, 즉 인건비, 수도, 가스료, 광고비를 비롯한 임대료, 세금 등 기타 경비들을 메뉴가격에 포함하지 않았다는 결점이 있다.

또한 고객입장에서 느끼는 메뉴의 value에 대한 고려가 없다.

② Prime Cost Method

이 방식은 원재료 가격뿐만 아니라 메뉴를 준비하는데 쓰인 인건비를 포함시켜 가격을 결정하는 것이다. 그러므로 서비스, 위생, 그리고 사무실에 근무하는 인력들의 인건비는 포함되지 않는다.

> Prime Cost＝원재료 가격＋관련 메뉴의 주방 인건비
> 판매가＝Prime Cost×결정인자

예를 들어 스파게티 원재료가가 1,500원이고 이 스파게티를 준비하고 요리하는 조리사의 한달 인건비 백만원을 한달 스파게티 판매량인 오백개로 나누면 스파게티 1개당 관련 메뉴의 주방인건비는 2,000원이 된 다. 그러므로 프라임 코스트는 1,500원＋2,000＝3,500원 이다. 프라임 코스트 비율을 전체 코스트의 50%로 가정하면 결정인자는 100÷50＝2이다.

그러므로 프라임 코스트 방법을 통한 스파게티 판매가는

$$3,500원 \times 2 = 7,000원$$

이 방법의 단점은 직접적인 인건비는 고려했지만, 그밖의 운영비용을 고려하지 않았다는 것이며 얼마간의 이익을 확보해야 하는 고려도 없다는 것이 약점이다. 또한 고객이 느끼는 Value에 대한 반영도 없다.

③ Actual Pricing Method

레스토랑을 운영하는데 필요한 모든 원가를 산출한 뒤 적정 이익률을 산정하여 메뉴가에 포함시키게 하는 방법이다.

가격을 산출하는 공식은 다음과 같다.

$$원재료가격 + 관련\ 메뉴\ 주방\ 인건비 + (변동비\% + 고정비\% + 이익률\%) \times 가격 = 100\% \times 가격$$

복잡한 듯 하지만, 의외로 간단하다.

예를 들어 다음과 같이 각 요소를 가정할 때

Actual Pricing 방법을 통한 스파게티 판매 가격 X는 ;

원재료 가격 : 1,500원

주방 인건비 : 2,000원

변동비율　　:　　10%

고정비율　　:　　15%

희망이익률　:　　15%

$$1{,}500 + 2{,}000 + (10\% + 15\% + 15\%)X = 100\%X$$
$$3{,}500 + 45\%X = 100\%X$$
$$3{,}500 = 55\%X$$
$$X = 3{,}500/0.55 = 6{,}364 \fallingdotseq \mathbf{6{,}400원}$$

이 방법은 메뉴가에 모든 코스트와 원하는 이익률을 반영하여 가격을 결정할 수 있다는 장점이 있다. 하지만 경영 목표에 부합되게 어떤 아이템은 마진을 적게 하여 판매를 촉진한다든지, 어떤 아이템은 판매량이 적더라도 마진을 높게 가져간다든지 등의 각 메뉴별로 판매와 이익률을 차별화할 경우 적용하기에는 복잡한 과정을 거쳐야 하는 어려움이 있다.

④ Gross Profit Method

위의 가격 책정 방식은 고객들이 지불하는 가격 안에는 음식이외의 비용과 매장의 이익이 포함되어 있다는 전제하에 메뉴가격을 구하는 방식이다. 이 방법은 고객 수 예측이 가능하고, 메뉴 종류도 변동 없이 단순할 때 사용 되는 방식이기도 하다. 예를 들어 한매장의 1년 매출액이 10억원이고, 식재료 비율이 30%, 고객 수 는 150,000명이라고 가정할 경우

$$\text{Gross Profit} = \frac{10억원 - (10억원 \times 30\%)}{150{,}000명} = 4{,}667원$$

여기에다가 원재료 코스트가 1,500원일 경우 가격은
4,667 + 1,500 = 6,167 ≒ 6,200원이 되는 것이다.

⑤ 예제

> **예제)** 탕 전문점 '고래탕'에서는 오는 새해부터 종전의 메뉴 2개를 버리고 새로운
> 메뉴 2개를 도입하고자 하고 있다. 각 방법에 의해 가격을 계산하여 보고
> 장·단점을 비교하여 최종가격을 결정하여 보자.
>
> ▷ 새롭게 도입되는 메뉴 : 꼬리곰탕(실측원가 3,000원)
>   도가니탕(실측원가 4,000원)
> ▷ 조사된 정보 : '고래탕'의 평균원가율 40%
>   주변상권의 가격 - 꼬리곰탕 8,000원
>   - 도가니탕 9,000원

가격결정 방법	계산법	결정가격
Factor Method	- 희망원가율 = 평균원가율이라고 가정 - 가격 결정 인자 = 100÷40 = 2.5 - 꼬리곰탕 = 3,000×2.5, 도가니탕 = 4,000×2.5	꼬리곰탕 = 7.500 도가니탕 = 10.000
Prime cost Method	- Prime Cost = 60% - 가격 결정인자 = 100÷60 = 1.7 - 꼬리곰탕 = (3,000 + 1,500)×1.7, 도가니탕 = (4,000 + 2,000)×1.7	꼬리곰탕 = 7.650 도가니탕 = 10.200
Actual Pricing Method	- 꼬리곰탕 = 3,000 + 1,500 + (0.1 + 0.15 + 0.15)×X = 100X 　　　　4,500 + 0.45X = 100X　　　　0.55X = 4,500 - 도가니탕 = 6,000 + 0.45X = 100X　　　0.55X = 6,000	꼬리곰탕 = 8.200 도가니탕 = 10.900
Gross Profit Method	- Gross Profit = [20억-(20억×0.4)] ÷200,000 = 6,000 - 꼬리곰탕 = 6,000 + 3,000 - 도가니탕 = 6,000 + 4,000	꼬리곰탕 = 9.000 도가니탕 = 10.000

※ 인건비는 가격의 20%로 동일하다고 가정(현실적으로는 다름)
※ 변동비율 10%, 고정비율 15%, 희망 이익률 15%로 가정
※ 총매출액 20억, 고객 수 200,000이라고 가정

(4) 마케팅 측면에서의 Menu Pricing

메뉴가격을 산출하는 데 있어서 고객의 심리를 이용하면 구매 의욕을 불러일으켜 매출을 상승시킬 수 있다.

① 5, 7, 9 숫자 Pricing

메뉴가의 끝을 "0"으로 끝내는 것이 아닌 근사치의 숫자로 끝나도록 하는 방법이다.

예를 들어 9,900원 또는 4,750원 등으로 가격을 매겨 고객들이 가격을 할인 받고 있다는 기분을 들게 만드는 것이다. 이 방법은 패스트푸드와 같은 저단가 메뉴를 판매하는 매장에서 사용이 가능하며, 고급 레스토랑에서는 피해야 한다. 점차 너무 진부해서 오히려 고객의 거부감을 낳게 할 수도 있다.

② 메뉴의 가격 편차

비싼 메뉴와 저가 메뉴간의 가격 편차를 고의로 심하게 가져가서 고객들이 중간 가격대의 메뉴를 자연스럽게 결정하도록 유도한다.

③ 중량 또는 일정 기준에 의한 가격 책정

샐러드바나 반찬 가게에서 흔히 볼 수 있는 가격 책정 방식으로 가격을 상승시키면 고객들의 불만이 커진다. 하지만 고객들이 자신이 선택한 양만큼만 저울에 달아 정량적인 방식으로 계산을 한다면 불만은 작아 진다. 또한 고객이 원하는 만큼 접시에 담아 한 접시에 얼마하는 식의 일정기준에 따라 가격을 정하는 방식은 고객의 구매를 유도할 수 있다.

④ Set Menu 또는 Table d'hote

전채, 앙트레, 디저트를 함께 결합시켜 따로따로 주문한 것보다 약간 할인된 가격으로 고객에게 제공하는 것을 의미한다. 패스트푸드 매장뿐만 아니라 일반 고급 레스토랑에서도 특정의 식재료를 빨리 소진시키고, 객단가를 일정하게 유지시키려는 목적으로 사용한다.

3) 방법별 비교 및 정리

<참고 I-8> 가격결정 방법별 비교

가격결정 방법	장/단점	반영/고려 사항	비고
선험적 방법	- 의사결정이 쉽고 빠르다 - 식당경영자의 경험과 감각이 반영된다. - 기회손실의 우려가 크다. - 고객의 Needs와 시장동향을 왜곡하기 쉽다.	- 소규모, 단순메뉴 식당에 적합 - 오랜 경영자의 경험적 판단을 반영할 필요가 있다.	
경쟁사 분석방법	- 시장의 변화에 민감하다. - 출혈 경쟁으로 인한 동반 부도가 우려된다. - 음식의 품질 유지에 어려움이 우려된다.	- 시장에서 형성된 가격을 고려해야 한다. - 고객이 가격에 민감한 업종의 경우는 피할 수 없다.	
원가에 따른 방법	- 비교적 합리적인 방법이다. - 계량화된 기초 Data만 있으면 쉽게 계산 할 수 있다. - 시장의 동향이나 고객의 반응 등에 반응하지 못한다.	- 수익성 확보를 위해서 가격 결정하는데 가이드라인으로서의 기능	
마케팅적 방법	- 추가적인 비용 지출 없이 매출 신장효과 기대. - 오히려 고객들로부터의 역반응이 우려됨. - 기대한 만큼의 효과 미지수.	- 일시적, 이벤트성으로 활용 - 선험적인 노하우와 결합 필요.	

본 책자에서 메뉴가격 결정방법의 활용

　메뉴 정책 결정의 최종 산출물은 '어떤 메뉴들로 구성하고 각각 얼마를 받을 것인가?,에 대한 의사결정이다. 따라서, 식당에서 판매할 메뉴의 종류, 가짓 수, 이름 등과 함께 메뉴별 가격은 그 식당의 영업실적에 결정적인 영향을 미친다.

　어떤 종류의 기업이든 그 존재 목적은 이윤 창출에 있으므로 기업을 경영하는 사람은 누구나 자신의 상품을 비싸게 많이 팔기를 원한다. 하지만 고객의 소비욕구. 기업간의 경쟁 등으로 인해 경영자가 원하는 가격을 받아서는 적정 이상의 이윤을 내기 위한 매출이 불가능하다. 여기에서 가격결정의 중요성을 알 수 있다.

　앞에서 살펴본 가격결정 방법들 중에서 어떤 특별한 것 하나를 택하여 그대로 사용하는 경우는 드물다. 업종, 시장특성, 경영자의 의지 등이 고려되어 두 가지 이상의 방법이 믹스되어 사용된다. 본 책을 읽는 독자들도 이점을 염두에 두고 메뉴의 가격결정을 내리기 바란다.

5. 메뉴실적 분석

1) 메뉴 분석과 평가에 대한 개요

메뉴에 대한 평가와 분석은 주로 단체급식을 취급하는 병원과 학교, 군대 등에서 메뉴의 계획과 영양가적인 분야에 많은 진전이 있었으나, 영리를 목적으로 하는 레스토랑에서는 그다지 활발한 연구가 없었다.

메뉴는 앞서 언급한 대로 레스토랑 운영의 전 분야에 영향을 미친다. 또한 레스토랑마다 특성이 강하여 메뉴의 계획과 디자인에 주관적인 요소가 많이 포함되어 있다. 그 결과 메뉴에 대한 특정 이론을 모든 레스토랑에 공통적으로 적용하거나, 또는 어느 특정 레스토랑의 메뉴를 선택하여 평가와 분석을 행하고, 그 평가와 분석에서 도출된 결과를 객관적으로 발표하는 데는 여러 가지 모순이 있었다. 이러한 이유 때문에 선진 외국에서도 메뉴의 평가와 분석에 대한 선행연구는 그리 많지 않으며 모든 레스토랑에 공통적으로 적용되는 메뉴의 평가와 분석기법은 아직은 없는 듯하다.

이상적인 메뉴의 평가와 분석 방법은 각 레스토랑의 특성에 알맞은 평가기준(표준)을 정하여 그 기준을 측정할 수 있는 방법을 발전시키면 된다. 실제 레스토랑에서 사용중인 메뉴는 크게 메뉴의 계획, 메뉴의 디자인, 그리고 메뉴의 제작이라는 과정을 거쳐 만들어진다. 그리고 각 과정에서는 보다 구체적인 여러 가지의 내외적인 변수들이 고려된다.

비록 완벽한 이론적인 배경과 절차를 거쳐 성공적인 메뉴가 만들어 졌다 해도 내·외적인 환경의 변화로 인하여 메뉴는 다시 수정·보완되어져야 한다.

메뉴의 평가와 분석은 메뉴가 계획되고 디자인되는 과정, 실제의 메뉴, 그리고 일정 기간 동안의 영업성과를 바탕으로 수익성과 선호도를 평가하고 분석하는 것이다. 그리고 평가와 분석의 결과는 피드백(Feed Back)이라는 과정을 거쳐 다시 메뉴 계획과 디자인, 그리고 실제의 메뉴에 반영되어져야 한다.

2) 메뉴분석관리의 의의와 기능

외식업소에 있어서는 메뉴가 매출과 직결되는 중심개념으로 메뉴의 계획과 메뉴의 분석, 가격결정 등이 메뉴관리의 주요영역이 된다. 이러한 메뉴는 무엇을 어떻게 만들 것인가를 결정짓는 중심요소로 다음과 같은 기능을 한다.

(1) 메뉴는 필요한 시설구조와 공간, 입지를 결정한다.

대상 메뉴로서 갈비를 전문으로 하는 한식집과 치킨을 전문으로 하는 패스트푸드점은 서비스 방법과 객석의 구조 등, 시설을 달리하며 공간 구성, 입지 조건 등 도 각기 달리한다.

(2) 메뉴는 필요한 인력과 숙련도를 결정한다.

메뉴의 종류에 따라 주방에서 필요한 인력 및 숙련도, 서빙 등을 담당할 인력의 인원수를 결정한다.

(3) 메뉴는 필요한 설비 기기를 결정한다.

다양한 주방 설비와 편의 기기, 집기 등은 메뉴의 종류에 따라 달라진다. 예를들어 피자점과 햄버거점의 설비는 각각의 메뉴특성을 반영하고 있다.

(4) 메뉴는 구매하여야 할 식재료의 항목을 결정한다.

메뉴의 종류를 가로로 필요한 식자재를 세로로 나열하여 구분해보면 구매 대상의 식자재 종류와 양이 항목별로 결정된다.

(5) 메뉴는 서비스 영역의 공간과 실내장식을 결정한다.

셀프서비스를 주로 하는 10대 후반에서 20대 대상의 패스트푸드점은 작은 공간에 비교적 많은 객석을 필요로 하지만 유람선 선착장의 레스토랑은 비교적 넓은 공간과 우아한 실내 장식을 필요로 한다.

(6) 메뉴는 원가관리 절차를 결정한다.

식자재의 원가 및 노동, 자본 등의 원가는 메뉴에 따라 다르며 메뉴 분석으로부터 원가관리는 시작된다.

(7) 메뉴는 생산 요건을 결정한다.

메뉴는 어떤 날 어떻게 조리할 것인가라는 작업의 흐름과 준비시간 및 제공시간과 수량 등을 결정하는 요소이다.

(8) 메뉴는 서빙 요건을 결정한다.

메뉴는 어떠한 음식이 어떻게 고객에게 서빙되어야 하는지 그 요건 을 결정한다. 패스트푸드 문화에 비하여 패밀리 레스토랑 메뉴는 조리 시간과 서빙시간, 서빙의 방법 및 인원 등에 차이가 있다.

3) 메뉴분석의 적용방안

외식산업에 있어 메뉴분석 방법은 다양하다. 많은 사람이 권하는 최선책은 가장 고객에게 인기도 있으면서 가장 수익성이 좋은 메뉴로만 영업할 수 있도록 메뉴를 골라내는 분석 방법이 제일 좋은 방법이다. 그러나 업체별 영업하는 메뉴의 특성, 종류, 다양성, 디자인 등 수많은 요소들의 영향을 받기 때문에 이에 따른 업종·업태별 운영상의 특성으로 인하여 어느 특정 메뉴분석 방법의 적용이 쉽지는 않다.

(1) 메뉴 A, B, C분석 방법

대부분의 식당들이 가장 많이 사용하는 간단한 분석방법으로 메뉴 아이템의 20%가 전체매출의 80%를 차지한다는 20 : 80법칙을 적용하는 분석기법으로 고객이 좋아하는 메뉴의 대부분은 극히 일부분의 메뉴에 의해 구성되는 것을 알아 볼 수 있다. 이 분석방법은 메뉴 부분 만을 대상으로 고객이 좋아하는 메뉴가 무엇인가를 찾아내어 보다 많이 계속해서 인기를 유지하며 판매증가를 가져올 수 있도록 하는 방법이다.

메뉴 A, B, C 분석방법은 첫째, 어느 일정한 기간(보통 1개월 단위)동안 판매된 메뉴의 수와 매출액을 합한다. 둘째, 매출액이 많은 메뉴순으로 모든 메뉴를 기재한다. 셋째, 메뉴의 매출 전체 총합계를 낸다. 넷째, 각각 메뉴의 매출액을 총합계로 나누어 전체에서 차지하는 비율(%)을 낸다. 다섯째, 비율(%)의 누계를 낸다. 여섯째, 메뉴순서별 누계치의 75~80%를 A부분, 85~90%까지를 B부분, 그리고 나머지 100%를 C부분으로 한다.

이와 같은 A, B, C 분석방법은 잘 팔리는 메뉴의 성향이 파악되므로 고객의 메뉴 선호도나 메뉴 제공시간 등을 단축시킬 수 있는 장점이 있으나 메뉴 조리과정에서 일어나는 인력에 대한 인건비가 무시되기 때문에 정확한 분석결과를 얻기 어려운 한계점이 있다.

(2) SWOT 메뉴분석방법

SWOT(Strength, Weakness, Opportunities, Threats)메뉴분석방법은 James. F. Keiser가 주장하였으며 각 외식업체내에서 메뉴의 강점과 약점을 결합시켜 효과적인 메뉴전략을 모색하는 것이다. 따라서 SWOT 분석은 강점을 최대로 살리고 약점을 최소화하여 기회요소를 최대로 살리고 위협요소를 최소화하는 방법이다.

<참고 I-9> SWOT분석

강점 Strength	약점 Weakness
기회 Opportunities	위협 Threats

(3) Jack. E. Miller의 메뉴분석 방법

Jack. E. Miller가 1980년에 메뉴 가격결정과 전략에서 주장한 방식으로 일정 기간 동안 판매한 메뉴원가 비율과 판매량과의 상관관계를 나타내는 방법이다.

이 방법은 가장 낮은 원가메뉴와 가장 높은 매출량의 메뉴들이 가장 좋은 영업성과를 가져오는 메뉴라는 접근방법이다. 그러나 원가율이 낮은 메뉴는 판매가격도 낮출 수 있어 수익성이 없을 수도 있는 동시에 수익성을 높이기 위해 가격을 올리면 고객감소를 초래할 수 있다. 또한 낮은 원가율과 높은 판매량의 메뉴들이 있을 수 있으나 매출액이나 공헌이익이 나타낼 수 없는 한계가 있다.

<참고 I-10>　Jack. E. Miller 분석

I. Winner 높은 인기, 낮은 dnjsrk	II. Marginals 높은 인기, 높은 원가
III. Marginals 낮은 인기, 낮은 수익	IV. Puzzle 낮은 인기, 높은 원가

(4) M. Hurst의 Menu Scoring 분석방법

미국 플로리다 주립대학(FIU) 허스트(Micheal Hurst)교수가 1960년 발표한 메뉴분석 방법으로 메뉴가격의 변화, 인기도, 원가, 이익공헌 등 판매에 미치는 영향을 측정하는 분석방법이다. 이 분석방법은 그 자체만으로는 큰 의미를 갖지 못하기 때문에 판매량과 가격변화, 원가, 메뉴교체 등 서로 상호작용을 파악해 보아야 한다. 즉, 효과를 증가시키기 위해서는 평가기간이 다른 여러 개의 메뉴 스코어를 상호 비교한다. 메뉴 스코어가 낮거나 등락이 심하면 정밀조사가 필요하다.

계속 스코어가 낮아지면 메뉴교환이나 이익이 높은 메뉴에 나타내기 때문에 원가율 개선이나 다른 메뉴를 교체하는 것 등은 검토해야 한다. 이 방법은 첫째, 일정한 기간을 정한 뒤 총매출액에 대한 공헌도가 높은 메뉴들을 평가대상으로 선별한다. 둘째, 선별된 메뉴의 총판매량에 남아 있는 메뉴들의 판매량을 모두 합하여 업체의 총판매량을 정한다. 셋째, 선별된 메뉴들의 매출액과 식재료원가를 계산한다. 넷째, 총매출액에서 총식재료원가를 뺀 총이익, 즉 총매출액 대비 총이익을 계산한다. 다섯째, 평균수익(평균객단가×총수익률)을 계산한다. 여섯째, 선별메뉴의 총판매수/업체 전체 메뉴 총판매수로 나누어 계산한다. 일곱째, 메뉴 스코어 (메뉴 평균수익×선별 메뉴 판매율)을 산출해낸다.

(5) 메뉴엔지니어링 기법

메뉴엔지니어링을 통한 인기성과 수익성 메뉴분석방법은 전체 매출액에 대한 각각 메뉴들의 상대적 비중을 나타내 주기 때문에 일품 요리를 영업하는 외식업체나 단품메뉴들로 구성되어 있는 업체, 패밀리 레스토랑, 호텔에서 운영하는 레스토랑 등 다양한 업체에서 모두 이용할 수 있다.

또한, 기법이 다양하고 나름대로의 장·단점을 가지고 있어서 어떤 기법을 사용하더라도 완벽할 수는 없다. 따라서, 현업에서는 적절한 기법을 선택하여 사용하거나 자신의 형편에 맞게 수정 및 결합해서 사용할 수 있다.

현실적으로 메뉴에 대한 성과분석 및 이를 통해 의사결정을 내릴 때 가장 바람직한 방법이며, 이 책의 본체를 이루고 있기도 하다.

제 II 편 메뉴 엔지니어링의 기본
정적 분석

1. 메뉴엔지니어링의 개념과 원리

1) 왜 메뉴엔지니어링인가?

(1) 메뉴엔지니어링

어느 모임자리에서 모 분께서 '메뉴엔지니어링이라는 것은 메뉴에 엔진 달자는 애기냐'는 우스개 소리를 하시는 걸 들은 적이 있다. 메뉴엔지니어 링이란 말이 어렵고 낯설어서 충분히 나올 수 있는 농담이라 생각한다. 내용에 비해서 이름이 조금 거창하고 거부감을 준다고 싶어 창씨개명도 생각해 볼 수 있으나 세계적으로 범용되는 용어인 만큼 그냥 사용했으면 좋을 듯 싶다.

메뉴엔지니어링이란 용어를 쉽게 풀어 설명하면, 앞에서 거론된 메뉴를 체계적이고 과학적으로 관리하여 고객만족과 이윤증진이라는 두마리 토끼를 동시에 잡는 일종의 도구(Tool)라는 것이다. 약간 복잡하기는 하지만 전산화된 방법을 따라 실행하고 그 분석 결과에 의해 의사결정을 내리면 되는 것이다.

여기에서 메뉴엔지니어링 시행과정을 잠시 살펴보자. 이 Process를 가동하려면 먼저 정확한 원가, 개당마진, 매출수량이 집계되어야 한다. 이에 근거하여 일정기간에 한 영업장에서 판매된 메뉴들의 기여도를 분석할 수 있다.

이러한 기여도 분석의 방법으로는 판매비중(Menu Mix＝앞으로 'MM' 으로 사용)과 기여마진(Contributional Margin＝앞으로 'CM'으로 사용)을 기준으로 4사분면 상에 분석하는 방법과 매출액, 매출수량, 마진, 원가율, 노동강도 등 5가지 요소의 순위를 종합하여 종합순위를 산정하는 방법이 있다.

이렇게 분석되어 계량화된 Data와 설문조사, 고객불평사례 등을 종합하여 각각의 메뉴를 평가하고 그 결과에 따라 영업장의 메뉴정책을 재조정하고 메뉴를 구성하며 각 메뉴에 대한 가격, 서비스, 원가 등의 전략도 세우게 된다. 이 전략의 효과를 Simulation을 통해 검토해보고 최적의 안을 만들어 실행에 옮기는 일련의 과정이 메뉴엔지니어링 Process인 것이다.

(2) 메뉴엔지니어링의 의미

수년전에 TV에서 D전자의 'TV광고'를 본 기억이 있다. 말달리는 소리가 스피커에서 흘러나오며 촛불을 꺼뜨리는 장면에 포커스를 맞춘 TV의 중저음을 강조하는 광고였다. 당시 경쟁사의 TV광고는 블랙 브라운관의 화질쪽에 중점을 두고 광고하고 있을 때였다.

치열한 광고전 결과 D전자가 완패하고 말았다. 전문가들은 광고의 초점이 소리에 맞춰져 있어 소비자들의 반응을 이끌어 내는데 실패했기 때문이라고 입을 모았다. 즉, TV상품에 대한 고객의 Needs를 간과하여 잘못된 마케팅전략을 수행한데서 온 결과였던 것이다. 얼마나 의사결정이 중요한가를 보여주는 실례라고 할 수 있다. 재대로 의사결정을 하기 위해서 가장 중요한 것은 의사결정권자의 능력이겠지만 여기에는 과학적이고 충분한 Data의 지원이 있어야 하고 체계적인 의사결정 Process가 제대로 정립되어 있어야 한다.

메뉴엔지니어링이 바로 식음경영에서 이런 기능을 담당한다. 식음은 우리 사회의 주력 부문도 아니고 업체별 매출규모도 작다. 그러나 충분히 그 규모와 이윤을 확대시킬 수 있음에도 불구하고 의사결정의 난맥상 때문에 기회를 놓친다면 앞에서 언급한 D전자의 사례와 같은 입장에 놓일 것이다.

(3) 현실에서는

메뉴엔지니어링 Process가 현실에 제대로 정착하는 데에는 여러가지 어려움도 있을 수 있고 또 그 자체가 해답을 내는 만능도구가 아닌데서 오는 효과에 대한 의구심도 생길 수 있다. 그러나 중요한 것은 비즈니스에 있어서 Process의 set-up이라는데 의미가 크다고 볼 수 있다. 사람이 음식을 먹어서 배설되기까지 제대로된 Process를 거쳐야 건강한 삶을 유지할 수 있고 어려운 수학 문제도 단계적으로 차근차근 풀어야 해결되듯이 우리의 식음 비지니스 현실에도 당연히 체계적인 Process가 있어야 한다. 우리의 현실은 숨구멍으로 음식을 먹고 배꼽으로 배설하려고 하고 있지는 않는지 모르겠다.

<참고 II-1> 메뉴엔지니어링 정리

메뉴 엔지니어링은 무엇을 의미하는 말일까요?

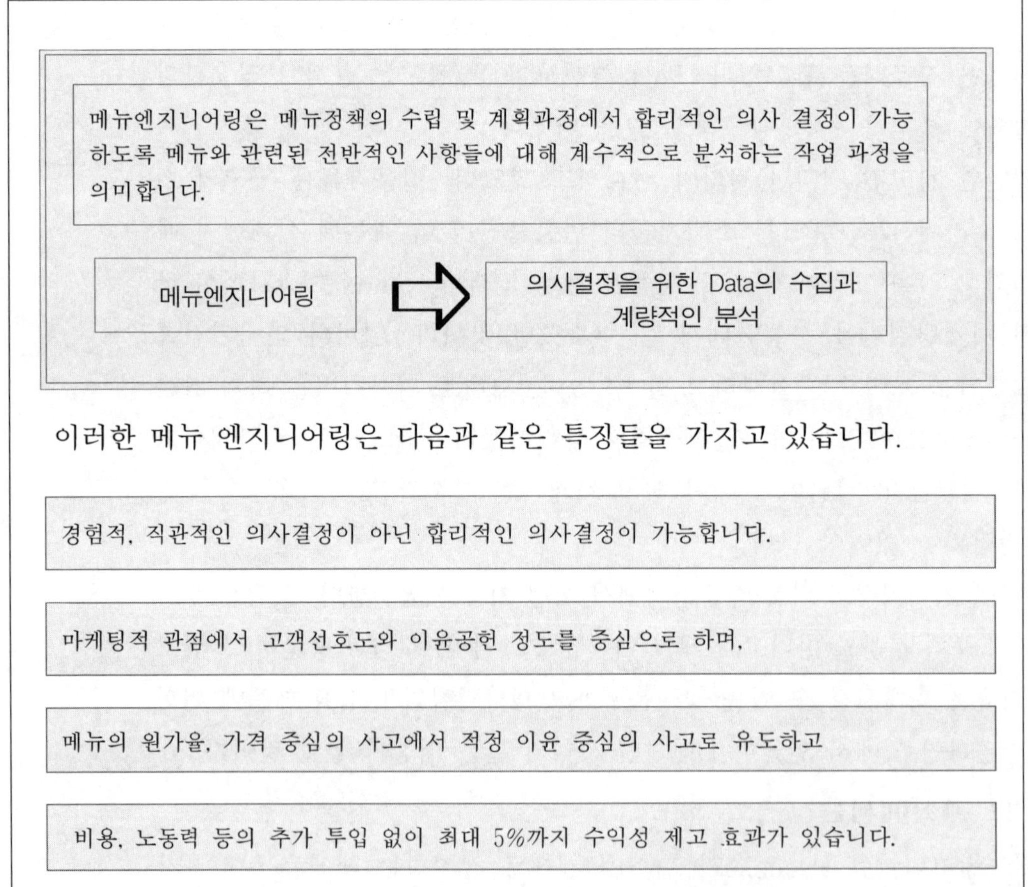

이러한 메뉴 엔지니어링은 다음과 같은 특징들을 가지고 있습니다.

경험적, 직관적인 의사결정이 아닌 합리적인 의사결정이 가능합니다.

마케팅적 관점에서 고객선호도와 이윤공헌 정도를 중심으로 하며,

메뉴의 원가율, 가격 중심의 사고에서 적정 이윤 중심의 사고로 유도하고

비용, 노동력 등의 추가 투입 없이 최대 5%까지 수익성 제고 효과가 있습니다.

2) 문헌상 메뉴엔지니어링 기법들

(1) 문헌상 메뉴엔지니어링 기법들

① 카사바나와 스미스에 의한 분석

M. L. Kasavana와 D. Smith가 1982년에 발표한 Menu Engineering이라는 체계화된 메뉴 분석 프로그램 기법으로, 공헌이익과 판매량과의 상관 관계를 나타내는 분석기법이다.

이 방법에서 가장 좋은 메뉴는 단위당 공헌이익이 높고 판매량이 가장 많은 메뉴가 가장 좋은 접근방법이다. 이 분석방법의 장점은 사용자측에서 분석프로그램을 쉽게 사용할 수 있는 장점도 있지만 이 방법 역시 식자재원가를 제외한 인건비와 같은 것을 고려되지 않은 단점이 있다.

<참고 II-2> 판매량(인기도)/수익성(공헌이익)

I. Plow hores 높은 인기, 낮은 수익	II. Star 높은 인기, 높은 수익
III. Dog 낮은 인기, 낮은 수익	IV. Puzzle 낮은 인기, 높은 수익

메뉴엔지니어링은 카사바나와 스미스에 의해 개발된 분석 프로그램을 이용하면서 처음 사용되었다. 이들이 메뉴엔지니어링이란 용어를 사용한데 대해서는 어떠한 의미를 부여하지는 않았지만 엔지니어링이란 사전적 의미로 교묘한 처리, 메뉴를 분석하기 위해서는 정교한 기술이 필요함을 시사하는 것으로서 메뉴를 분석하는데 적용시킨 것이라고 판단된다.

사례를 들어 분석프로세스 및 그 결과를 살펴보도록 하자. 사례는 A레스토랑의 그릴 메뉴 10가지로 하였다.

<참고 II-3>에 의하면 수익성의 비교기준이 되는 평균 공헌이익은 20,008원이며, 인기성의 비교기준이 되는 매출량은 106.4개이다. 제 음식은 이러한 기준에 의하여 Plowhorse, Star, Puzzle, 그리고 Dog 등 네 종류의 매트릭스로 분류된다.

Matrix
수학, 물리학 등 전문분야에서 쓰이기 시작하여 일반화된 말로서 원래 의미는 '어떤 원리에 따른 숫자들의 규칙적 행렬'인데, 여기에서의 의미는 어떤 평면 분석 도구 위에 공통적인 특성을 갖는 것끼리 모아놓은 것을 말한다(주로 4각형을 다시 4각으로 나눈 1개의 4각형).

<참고 II-3> 카사바나와 스미스에 의한 분석

(A 레스토랑의 사례)

음식명	매출량	매출량 대비율	원가	가격	공헌 이익	총 원가	총 매출액	총공헌 이익	수익성	인기성	분석 결과
Beef Tenderloin	430	28	2,000	23,000	21,000	860	9,890	9,030	높다	높다	S
Sirloin Steak	200	1.3	1,800	21,000	19,200	360	4,200	3,840	높다	높다	S
Ribeye Steak	150	9.9	1,500	19,000	17,500	225	2,250	2,625	낮다	높다	PH
T-Bone Steak	60	3.95	3,500	24,000	20,500	210	1,440	1,230	높다	낮다	P
Lamb Chop	70	4.6	1,300	18,500	17,200	91	1,295	1,204	낮다	낮다	D
Veal Pailard	100	6.6	1,900	22,000	20,100	190	2,200	2,010	높다	낮다	P
King Prawn	60	3.95	3,800	25,000	21,200	228	1,500	1,272	높다	낮다	P
Salmon Steak	240	15.8	1,200	18,000	16,800	288	4,320	4,032	낮다	높다	PH
Lobster Tail	120	7.9	4,000	29,000	25,000	480	3,480	3,000	높다	높다	S
Surf and Turf	90	5.9	3,900	28,000	28,000	351	2,520	2,169	높다	낮다	P
합계	1,520					3,283	33,095	30,412			

원가율 = 9.9%

평균공헌이익 = 총 공헌 이익의 합계액 / 매출량의 합계액 = ＼ 20,008

인기성 = 1/ 음식의 수 × 0.70 × 매출량 = 106.4 개

Plowhorse에 해당하는 음식은 세 종류로 인기성은 높으나 수익성이 낮은 매트릭스에 속한다. Star에 해당하는 음식은 두 종류로 인기성과 수익성 모두가 높은 매트릭스에 속한다. Puzzle에 해당하는 음식은 네 종류로 인기성은 낮으나 수익성은 높은 매트릭스에 속한다. Dog에 해당하는 음식은 한 종류로 인기성과 수익성 모두가 낮은 매트릭스에 속한다.

결론적으로 A레스토랑은 다섯 종류의 음식이 높은 인기성의 음식이고, 여섯 종류의 음식이 높은 수익성의 음식이다. 한편 다섯 종류의 음식은 낮은 인기성의 음식이고, 그리고 네 종류의 음식은 낮은 수익성의 음식이다. 따라서 인기성의 측면에서는 다섯 종류의 제 음식이 골고루 분포되어 있으나, 수익성 측면에서는 수익성이 높은 음식의 종류가 낮은 음식의 종류보다 두 종류나 많고, 인기성과 비교하면 한 종류가 더 많아 수익성이 큰 메뉴라고 할 수 있다.

② 헤이스와 허프만에 의한 분석

헤이스와 허프만의 분석방법으로 표준순이익을 계산하고 이것을 개별 메뉴들의 순이익과 비교하여 높고 낮음을 찾아내어 메뉴성과를 분석하는 방법이다.

이 분석 방법은 순수익을 기준으로 메뉴에 대한 수익성을 평가했기 때문에 식재료 원가뿐만 아니라 각 메뉴마다 고정비는 각 메뉴에 균등하게 배분하고 변동비는 원가비율에 따라 균등하게 배분하여 각 메뉴마다 손익계산서를 만들어 순수이익이 높은 순서대로 서열을 정하고 난 후 목표이익과 비교한 방법이다.

또한 순이익의 계산법은 두 가지 방법인데 하나는 총원가에서 식재료비와 비식재료비의 합계를 차감하여 계산하는 방법이고 또 다른 하나는 총 원가에서 비식재료비와 고정비의 비율을 곱하여 계산한다. 원래 헤이스와 허프만은 후자의 방법으로 순이익을 계산하였으며 변동비를 특정 원가로 가정하여 접근하고 있다.

즉, 표준 순이익은 개별 메뉴들의 순이익과 비교하기 위한 전체 평균치를 말한다.

표준 순이익=〔(1-전체 식재료 비율)×평균 매출량 비율(전체 매출량의 합계/메뉴 수)×평균 메뉴가격(전체 메뉴가격 합계/메뉴 수)×〔1-(변동비율+식재료 비율)〕〕

그러나 이 분석방법도 순이익에만 중점을 두고 있어 매출량, 식재료비 또는 총수익과의 상관관계가 잘 파악되지 못하는 문제점과 식재료 원가를 제외한 변동비와 고정비의 계산과 배분에서도 많은 문제점을 가지고 있다.

헤이스와 허프만은 카사바나와 스미스 분석의 문제점을 보완하기 위하여 원가를 재료비, 고정비 그리고 변동비 등으로 나누어 손익 계산한 이후에 원가를 세분하여 정확성을 기하고자 하였다.

<참고 II-4> 헤이스와 허프만에 의한 분석

(A 레스토랑의 사례)

구 분	Beef Tenderloin	Sirloin Steak	Rib eye Steak	T-Bone Steak	Lamb Chop	Veal Pail lard	King Prawn	Salmon Steak	Lobster Tail	Surf and Turf
매출액(천원)	9.890	4.200	2.250	1.440	1.295	2.200	1.500	4.320	3.480	2.520
고정비	794.280	794.280	794.280	794.280	79.428	794.280	794.280	794.280	794.280	794.280
재료비	860.000	360.000	225.000	210.000	91.000	228.000	228.000	288.000	480.000	351.000
	0.086	0.086	0.1	0.146	0.070	0.086	0.152	0.067	0.138	0.139
변동비	3.461.500	1.470.000	787.500	504.000	453.250	770.000	525.000	1.512.000	1.218.000	882.000
	0.35	0.35	0.35	0.35	0.35	0.35	0.35	0.35	0.35	0.35
총 원가	5.115.780	2.624.280	1.806.780	1.508.280	1.338.530	1.754.280	1.547.280	2.594.280	2.492.280	2.027.280
손익	4.774.220	1.575.720	443.220	-68.280	-43.530	445.720	-47.280	1.725.720	987.720	492.720
순위	①	③	⑦	⑩	⑧	⑥	⑨	②	④	⑤

<참고 II-4> 헤이스와 허프만에 의한 분석표는 변동비를 제 음식매출액의 35%로 하고, 고정비를 전체매출액의 2.4%로 하는 헤이스와 허프만의 기본논리를 그대로 적용하였다. 결과적으로 T-Bone Steak와 Double Lamb Chop, 그리고 King Prawns가 손실을 초래하는 음식들로 나타났다. 가장 높은 수익을 창출하는 음식은 Beef Tenderloin이고,

가장 낮은 수익의 음식은 T-Bone Steak로 나와 있다. 그리고 헤이스와 허프만은 이와 같은 손익계산서를 통하여 다음과 같이 분석하고 카사바나와 스미스의 분석방법을 보완하고자 하였다.

비교기준은 목표 가치라 주장하고 목표 가치를 {(1-재료비율)×매출량×〔가격×(1-변동비율+재료비율)〕}의 공식에 의하여 계산하고 있다. 따라서 총 10개 음식에 대한 목표가치가 개별음식의 목표 가치와 비교하여 수익성의 높고 낮음을 가늠하게 된다. 전체음식의 목표 가치는 상기표에 의하여 계산하면 {(1-0.107)×152×〔21,773×(1-0.35+0.107)〕}= 0.893×152×21,773×0.757=2,237,223원이 된다. 전체 음식의 목표가치 보다 높은, 즉 수익성이 높다고 할 수 있는 음식은 Beef Tenderloin, Salmon Steak, 그리고 Lobster Tail 등 세 종류의 음식이며, 가장 낮은 수익의 음식은 T-Bone Steak로 나타났다.

③ 파베식에 의한 분석

Paviesic이 주장하는 분석방법은 카사바나와 스미스 그리고 밀러의 분석방법들을 보완하기 위하여 식자재 원가율(Food cost %), 공헌이익(Contribution Margin), 판매량(Sales Volume)의 세 가지 변수를 혼합한 분석방법이다.

<참고 II-5> 원가율/수익중심

I. Prime 높은 원가, 낮은 수익	II. Standards 높은 원가, 높은 수익
III. Sleeper 낮은 원가, 낮은 수익	IV. Problem 낮은 원가, 높은 수익

이 방법은 판매량에 따라서 낮은 식재료 원가율과 높은 공헌이익을 내는 메뉴가 가장 좋은 메뉴라고 하면서 이 분석기법을 CM(Cost Margin Analysis) 라고 하였다. 그러나 이 방법은 식재료비 이외의 비용까지 포함된 순이익을 고려하지 않은 한계점이 있다.

파베식은 상기의 자료를 통하여 음식을 네 종류의 매트릭스로 구분하고 있다. 즉, 원가율이 높고 공헌이익이 높은 음식들은 Prime으로, 원가율과 공헌이익이 높은 음식들은 Standard로, 원가율과 공헌이익이 낮은 음식들은 Sleepers로, 그리고 원가율이 낮고 공헌이익은 높은 음식들은 Problems로 구분하였다.

수익성의 높고 낮음을 평가하는 기준은 평균 총 공헌 이익의 수치로 평가하고 있다. 평균 총 공헌 이익은 총 공헌 이익의 합계액 / 음식의 수라는 공식에 의하여 산출된다. <참고 II-6>의 자료를 이용하면 평균 총 공헌 이익은 3,041,200원이 되어 수익성을 평가하는 기준치가 된다. 이것에 의하면 수익성이 높은 음식들은 Beef Tenderloin, Sirloin Steak, 그리고 Salmon Steak가 수익성이 있는 음식으로 평가된다는 것이다. 이것은 평균 총 공헌 이익을 구하는데 있기 때문이다. 즉 파베식은 분모를 음식의 종류의 수를 적용하였으나 카사바나와 스미스는 매출양의 합계를 적용하여 개별음식의 공헌 이익과 비교하였고, 파베식은 음식종류의 수를 적용하여 총 공헌 이익과 비교한데서 생긴 차이라고 할 수 있다.

<참고 II-6>　파베식에 의한 분석

음식명	매출량		가격 (백원)	원가		공헌 이익 (백원)	총원가		총공헌이익		총매출액		분석 결과
	단위	전체 대비율		단위원가	가격 대비율		단위 (천원)	전체 대비율	단위 (천원)	전체 대비율	단위 (천원)	전체 대비율	
Beef Tenderloin	430	28.3	230	2.000	8.7	210	860	26.2	9.030	29.7	9.890	29.9	St
Sirloin Steak	200	13.2	210	1.800	8.6	192	360	10.97	3.840	12.6	4.200	12.7	St
Rib eye Steak	150	9.9	190	1.500	7.9	175	225	6.9	2.625	8.6	2.250	6.8	SL
T-Bone Steak	60	3.95	240	3.500	14.6	205	210	6.4	1.230	4.1	1.440	4.4	SL
Double Lamb Chop	70	4.6	185	1.300	7.0	172	91	2.8	1.204	3.96	1.295	3.9	SL
Veal Pail lard	100	6.6	220	1.900	8.6	201	190	5.8	2.010	6.6	2.200	6.7	SL
King Prawns	60	3.95	250	3.800	15.2	212	228	6.95	1.272	4.3	1.500	4.5	SL
Salmon Steak	240	15.8	180	1.200	6.7	168	288	8.8	4.032	13.3	4.320	13.1	PRI
Lobster Tail	120	7.9	290	4.000	13.8	250	480	14.6	3.000	9.9	3.480	10.5	PRO
Surf and Turf	90	5.9	280	3.900	13.9	241	351	10.7	2.169	7.1	2.520	7.6	PRO
합계	1.520						3.283		30.412		33.095		

인기성 분석은 상기의 카사바나와 스미스의 기준과 같은 방식으로 적용하고 있다. 즉 인기성 기준 매출량은 1/10×0.7×1,520＝106.4개로 앞에서 제시한 것과 동일하다.

<참고 II-6>에 의하면 원가의 높고 낮음을 평가하는 것은 평균 식품원가율에 의하여 비교할 수 있다. 그 공식은 총원가의 합계액 / 총매출액의 합계액이며, <참고 II-6>에 의하면 9.92%가 된다. 이러한 기준비율을 바탕으로 한다면 원가가 낮다고 할 수 있는 기준비율과 같거나 낮은 음식들은 Beef Tenderloin, Sirloin Steak, Ribeye Steak, Double Lamb Chop, Veal Paillard, 그리고 Salmon Steak 등으로 총 10개의 음식들 중 6개이다. 원가가 가장 높은 음식은 King Prawns로 나타났고, 반면 원가가 가장 낮은 음식은 Salmon Steak로 나타났다.

결과적으로 원가와 수익이 높은 Standards에 해당하는 음식들은 Beef Tenderloin과 Sirloin Steak이고, 원가와 수익이 낮은 Sleepers에 해당하는 음식들은 Rib eye Steak, T-Bone Steak, Double Lamb Chop, Veal Pail lard와 King Prawn 등이다. 그리고 원가는 높으나 수익이 낮은 Problems에 해당하는 음식들은 Lobster Tail과 Surf and Turf이고, 원가는 낮으나 수익이 높은 Primes에 해당하는 음식은 Salmon Steak이다.

④ 베이요와 베네트에 의한 분석

변동비와 고정비를 음식의 원가산출에 있어 구분하여 계산하는 것은 어려움이 있다. 더구나 고정비를 직접고정비와 간접고정비로 나누어 비용구조를 분석한다는 것은 음식원가의 구성체계상 더욱 어려운 과제이다. 그러나 수익성을 분석함에 있어 그 분석을 통한 의사 결정은 직접적으로 관련된 고정비만을 고려한 것보다 간접적으로 관련되는 고정비까지 고려할 때 더욱 유용할 수도 있다고 사료된다.

이를 고려하여 베이요와 베네트는 직접적으로 관련된 직접고정비를 장기의사 결정을 위하여, 그리고 간접적으로 관련된 간접고정비는 종합적인 수익계산을 위하여 구분하여 계산하고 있다. 특히 종합적인 수익계산은 예측 뿐만 아니라 손익구조를 절충할 수도 있다.

<참고 II-7>   베이요와 베네트에 의한 분석

구 분	Breakfast		Lunch		Dinner		Snack		합계
	Cover	Revenue	Cover	Revenue	Cover	Revenue	Cover	Revenue	
매출액- 변동비	313	3,622,904 1,268,016	115	1,491,015 521,855	147	2,493,398 872,689	36	333,470 116,751	
수익- 직접고정비		2,354,888 905,726		969,160 372,754		1,620,709 623,350		216,755 83,368	
수익- 간접고정비		1,449,162 181,145		596,406 74,551		997,359 124,670		133,387 6,669	
수 익		1,268,017		521,855		872,689		126,718	

베이요와 베네트에 의한 분석을 행하기 위하여, 먼저 직접고정비는 A 레스토랑 메뉴의 음식을 조리하여 판매하는데 필요한 조리기구나 설비 등의 고정비라 한다.

직접 고정비는 메뉴음식을 조리하기에 필요한 기본적인 조리설비나 기구들이 포함된다면 간접 고정비에는 그러한 기본적인 조리설비나 기구 이외에 업무 효율성을 높인다는 차원에서 갖춘 설비나 기구가 포함된다. 그러나 이 구분의 비용결정은 경영자의 비용철학에서 비롯되는 것으로 어떻게 비용을 배분하느냐에 따라 경영에 영향을 미칠 수 있다. 결국 간접고정비는 업무의 효율성 측면에서 상당한 의의가 있는 것이고, 전체적인 측면에서 간접고정비의 구분과 결정은 미래를 약속 받을 수 있는 바탕이 된다.

이 비용구조의 배분을 통하여 보면 A레스토랑 변동비를 차감한 수익은 조식이 2,354,888원, 중식이 969,160원, 석식이 1,620,709원, 그리고 스낵이 216,755원 등이다. 이러한 단기 의사결정에 한 자료가 된다는 1차 수익 계산은 총 매출액에서 변동비를 나눈 수익이다. 수익은 단기간의 제한된 의사결정에 도움을 줄뿐만 아니라 원가관리의 여부를 파악하는데 영향을 미친다. 물론 변동비를 조식, 중식, 석식, 그리고 스낵에 일률적으로 35%라 배부하는 것은 문제가 있다.

직접 고정비를 차감한 이익은 각각 1,449,162원, 596,406원, 997,359원

그리고 133,387원이다. 베이요와 베네트는 직접고정비에 급료, 광고료, 그리고 유지비 등을 포함시키고 있으나, 가령 조식을 위해서 필요한 조리담당 staff 조식, 중식, 석식, 그리고 야간 등에 있어 서로 다른 것처럼 다룰 수도 있다.

⑤ 음식 그룹별 표준에 의한 분석

　수익성과 밀접한 관련을 가지고 있는 것은 인기성이다. 인기성은 상기에서처럼 수익성 분석과 결부되어 분석되기도 하지만 독자적으로 분석될 수 있다. 물론 독자적으로 분석하는 인기성 분석은 여러 가지의 접근방법에 의할 수 있다. 따라서 A레스토랑 메뉴의 인기성 분석은 그중 몇 가지 방법들을 이용하여 분석한다. 10개의 그릴메뉴 음식그룹이 다른 음식그룹들과 똑같이 판매될 때의 수치이다. $[1-(K \times N)=0]$이란 경영자나 메뉴계획가가 75개 이하의 음식은 판매될 확률이 없다고 판단하여 75개로 정하여야 하고 가정한다.

<참고 II-8>　음식그룹별 표

(A 레스토랑의 사례)

음식그룹	N	K $[1-(K \times N)=0]$	Y (1-N의 비율)	F (K×Y)
Soups	5	0.20	0.93	0.19
Salad	6	0.17	0.92	0.15
Sandwiches	7	0.14	0.90	0.13
From the glowing grill	10	0.10	0.87	0.09
Pasta and Pizza	14	0.07	0.81	0.06
Vegetarian Dishes	3	0.33	0.96	0.32
Korean Specialties	7	0.14	0.91	0.13
Main Fare	8	0.13	0.89	0.12
Appetizers & Tapas	7	0.14	0.91	0.13
Dessert	8	0.13	0.89	0.12
합계	75	0.013	0	0

75개라는 것은 고객으로부터 호소력이 75개 이상으로는 얻을 수 없는 것과 같다. 즉, 75개를 판매한다고 하는 것은 개별메뉴 그룹의 개수가 판매될 확률[1-(K×N)]이 0과 같다. 따라서 총 75개의 음식을 메뉴의 음식으로 할 경우 10개의 음식들로 구성된 메뉴 그룹의 표준은 0.09가 된다.

<참고 II-9> **그릴 메뉴의 인기성 분석**

(A 레스토랑의 사례)

음식명	매출량		F	분석결과	
	단위	매출량 대비율			
Beef Tenderloin	430	0.28	0.09	>	고
Sirloin Steak	200	0.13	0.09	>	고
Ribeye Steak	150	0.10	0.09	>	고
T-Bone Steak	60	0.04	0.09	<	저
Double Lamb Chop	70	0.05	0.09	<	저
Veal Paillard	100	0.07	0.09	<	저
King Prawns	60	0.04	0.09	<	저
Salmon Steak	240	0.16	0.09	>	고
Lobster Tail	120	0.08	0.09	<	저
Surf and Turf	90	0.06	0.09	<	저
합계	1520	1			

A 레스토랑의 그릴메뉴의 음식들 중 인기성이 가장 높은 것은 Beef Tenderloin으로 요인과 비교하지 않더라도 매출액 대비율에 의하면 알 수 있다. 인기성이 높은 경우는 매출액 대비율 ≥ 요인이다. 따라서 요인 0.09보다 작은 음식은 6개이며, 기준이 되는 매출량은 150개가 된다.

⑥ 전체 대비로의 비교 분석

한편 인기성은 참고와 같이 전체 대비율을 비교하여 분석할 수 있다. <참고 II-10>에 의하면 매출량과 매출액 모두 인기성이 가장 높은 음식

은 Beef Tenderloin이다. 그러나 매출액 / 매출량의 비율에 의할 경우
Lobster Tail이 가장 높고 가장 낮은 음식은 Ribeye Steak이다.

<참고 II-10> 전체 대비율의 비교분석

(A 레스토랑의 사례)

음식명	매출량		매출액		결과
	단위	매출량 대비율	단위 (천원)	매출액 대비율	
Beef Tenderloin	430	0.28	9,890	0.30	1.06
Sirloin Steak	200	0.13	4,200	0.13	0.96
Ribeye Steak	150	0.10	2,250	0.068	0.69
T-Bone Steak	60	0.04	1,440	0.043	1.08
Double Lamb Chop	70	0.05	1,295	0.039	0.85
Veal Paillard	100	0.07	2,200	0.067	1.02
Kind Pawns	60	0.04	1,500	0.045	1.14
Salmon Steak	240	0.16	4,320	0.13	0.83
Lobster Tail	120	0.08	3,480	0.10	1.33
Surf and Turf	90	0.06	2,250	0.08	1.29
합계	1520	1	33,095	1	1

3) 메뉴 엔지니어링 활용사례

① 코넬 와인 세일즈 프로그램

여기에서 소개 하고자 하는 프로그램은 와인 세일즈 관리에 관한 것으로써, 코넬 대학교에서 운영 중인 PDP(Professional Development Program)과정에서 교육 중 활용되었던 간단한 프로그램으로 각층 식당에서 비슷한 형식의 프로그램을 활용하고 있다는 소개는 받았지만 체계적으로 완벽하게 메뉴엔지니어링 시스템을 갖춰 활용하는 곳은 보지 못했다. 4분면 분석법을 와인에 적용한 것일 뿐 큰 차이는 없다.

<그림 II-1> 프로그램 첫 화면

<참고 II-11> 실지 사용 Sheet

Cost, Pricing, Contribution Margin and									
Sales Analysis Worksheet	Number of Customers Served:550								
	Total Wine Sales$7,576.00								
	Total # of Bottle Sold:328								
	Avg Contribution Per Customer$8.63								
	Avg Contribution per Customer$8.63								
	Avg # of Bottles Sold per Customer0.60								
	Avg # of Customers per Bottle sold1.68								
	Avg price of bottle sold23.10								
	Bottle	Selling	Beverage	Contribution	Bottles	Total	Percentage of	Contribution	Contribution	Comments and Actions
Name of Wine	Cost($)	Price($)	Cost(%)	Margin($)	Sold(#)	Sales($)	Wine Sales(%)	Margin($)	Margin(%)	
San Angelo Pinot Grigio '93	$8.00	$23.00	34.78%	$15.00	20	$460.00	6.07%	$300.00	6.32%	
Clos du Bois Cabernet Sauvignon '92	$10.00	$25.00	40.00%	$15.00	25	$625.00	8.25%	$375.00	7.90%	
Sartori Valpolicella '93	$4.00	$16.00	25.00%	$12.00	6	$96.00	1.27%	$72.00	1.52%	Try increasing price. If no improvement remove form list
Matanzas Creek Sauvignon Blanc '93	$7.50	$22.00	34.09%	$14.50	20	$440.00	5.18%	$290.00	6.11%	
Sonoma Cutrer "RRR" Chardonnay '91	$8.50	$27.00	31.48%	$18.50	12	$324.00	4.28%	$222.00	4.68%	reduce price $2
Mondavi Fume Blanc '92	$9.00	$25.00	36.00%	$16.00	14	$350.00	4.26%	$224.00	4.72%	
				⋮						
Totals:				$226.50	328	$7,576.00	100.00%	$4,748.00	100.00%	

② 삼성 에버렌드 사례

삼성에버랜드의 테마파크인 페스티발 월드 및 케리비안 베이 내 약 15개 식당 영업장의 메뉴관리를 위해 98년부터 개발을 시작하여 99년도에 사내 Intranet에 시스템을 구축하여 실시간으로 분석하여 볼 수 있도록 하였다. 시스템 상 가장 선진적이라는 측면이 있었으나 접근하여 이해하기가 어려운 면이 장애요소였고 원가 등의 부정확성이 신뢰성을 떨어뜨렸다. 하지만 메뉴 실적에 대한 다각도에서의 분석이 가능하고 의사결정에 큰 도움을 주고 있다는 점에서 발전적인 시스템이라고 본다.

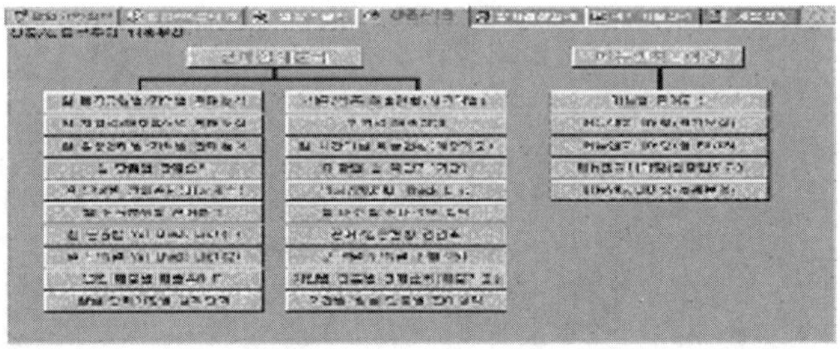

<그림 II-2>   삼성에버랜드 사례 1

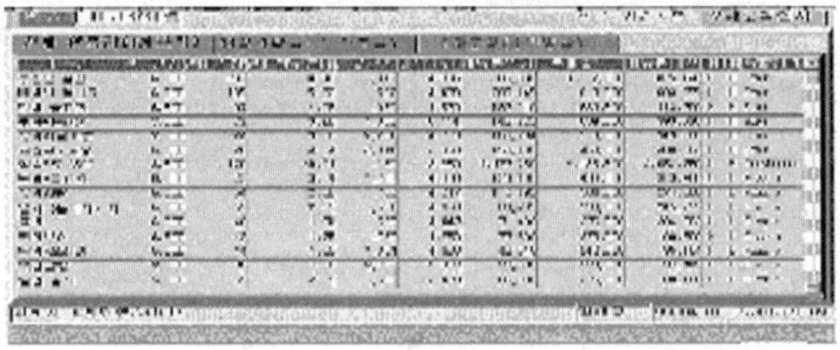

<그림 II-3>   삼성에버랜드 사례 2

4) 메뉴엔지니어링을 위한 기본 개념과 전제들

(1) 프로세스

메뉴를 언제, 어떻게 교체 혹은 조정할 것인가에 대한 의사결정은 계량화된 DATA의 지원과 체계적 과정에 따를 필요가 있다. 다음에 그림은 일반적으로 중규모(년간 매출 10억)이상의 식당에서 활용할 수 있는 메뉴 개발/교체/조정을 위한 프로세스이다.

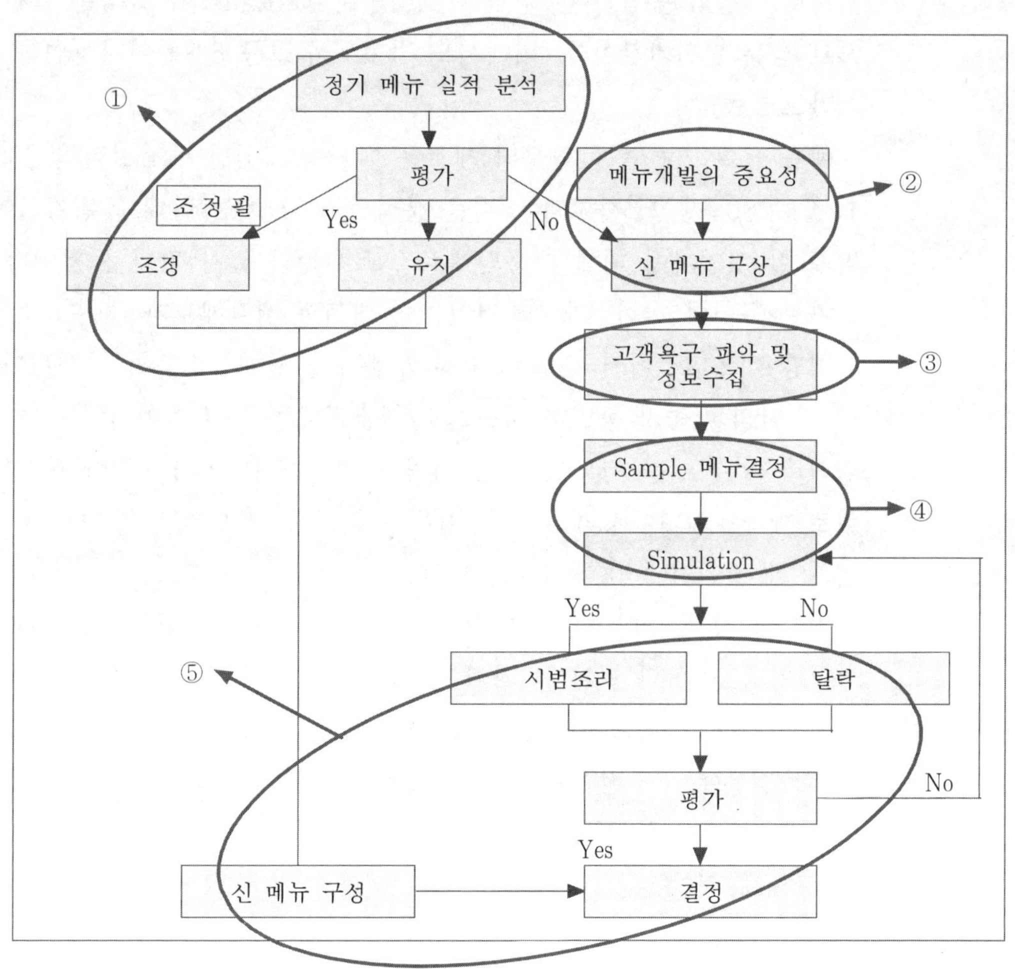

<그림 II-4> 프로세스

① 전기 메뉴 실적 분석 및 평가

식　음 영업장에서는 일반적으로 6개월(혹은 4개월, 1년) 단위로 메뉴 조정 작업을 한다. 이때, 새로운 단위 기간의 메뉴를 결정하기 위해서는 이전의 영업실적을 분석하고 메뉴별로 그 공헌도 정도를 평가하게 된다. 이 과정에서 메뉴 실적과 평가를 하기 위한 도구로 앞에서 다뤘던 메뉴엔지니어링 기법이 많이 활용된다.

여기에서 전기(前期)라고 함은 분석시점으로부터 과거의 일정기간을 말하며 식당의 주인 혹은 경영을 위임받은 Manager가 실적분석의 기준으로 삼는 단위기간이다. 위에서도 밝혔듯이 보통 6개월이나 1년을 분석기간으로 한다.

예를 들어 2005년 1월부터 새로운 메뉴를 도입할 예정이라면 2003년 10월~2004년 9월까지의 실적을 분석하고 각 메뉴에 대해 평가하여 어떻게 할 것인가에 대해 다음단계로 프로세스를 밟아 간다는 것이다. 평가란 무엇이고 어떻게 할 것인가에 대해서 생각해보자.

식당 비즈니스에서 수입은 요리와 음료를 판매함으로써 발생된다. 이때, 각각의 메뉴가 동일한 비중으로 매출이나 수익에 기여하지는 않는다. 따라서 그 기여한 정도에 대한 평가가 필요하다. 평가의 방법과 절차가 바로 메뉴엔지니어링의 본체를 이루는 것이며 이 평가의 결과에 따라 어떻게 할 것인지에 대한 답이 나온다.

평가의 결과에 대한 처리방법 즉, 각 메뉴들을 어떻게 할 것인가는 다음 세가지 중 하나가 된다. 기여 정도가 아주 좋지 않고 특별히 유지할 이유가 없는 경우 메뉴에서 탈락시키며, 가격이나 원가 제공량 등을 조절해야 할 경우에는 조정하며 지금 그대로가 적정하다고 판단되면 유지시킨다. 메뉴엔지니어링의 핵은 바로 이렇게 탈락, 조정, 유지란 결정을 각 메뉴에 대해 내리는 것을 말한다.

② 신메뉴 구상 및 개발

레스토랑을 운영하는 오너(혹은 관리자)는 자신의 식당을 위해 새로운 메뉴에 관심을 갖기 마련이다. 주변의 잘되는 식당을 방문하여 특이한,

경쟁력 있는 메뉴를 보았을 때, 해외여행 중, 책, TV 등에서 요리에 관한 정보를 얻었을 때 식당주인은 그 메뉴를 자신의 식당에 도입해 보면 어떨까 하는 유혹을 받게된다. 하지만, 섣부른 메뉴의 교체, 새로운 메뉴의 도입은 자칫하면 큰 낭패를 부를 수도 있다.

일반적으로 Grand Menu제도를 운영하는 영업장에서는 전체 메뉴의 30%정도를 교체하는데, 새로운 메뉴 구성을 위해서는 평상시에 고객의 기호 변화, 상권, 해외 동향 등의 정보를 수집해야 한다. 메뉴 구상은 개발하여 상품화할 가짓수의 5배수 이상을 해야하며 고객 만족과 수익성을 고려해야 한다.

전기메뉴 실적분석 결과에 따라 대체해야 할 메뉴 수가 결정되면 어떠한 메뉴로 대체를 할 것인가? 굳이 1:1 교체를 하여 탈락시킨 메뉴의 숫자만큼 새로운 메뉴를 대체할 것인가? 등을 고려한다.

결론적으로, 메뉴를 교체해야할 필요가 있을 때를 위해 평소에 많은 정보를 수집하고 도입 가능한 메뉴를 염두에 두고 있어야 한다는 것이다.

③ 고객요구 파악 및 정보 수집

경쟁력 있는 메뉴를 설계하기 위해서는 객관적인 데이터가 체계적으로 수집되고 관리되어 져야 한다. 고객설문 조사를 룰에 따라 주기적으로 실시하여 통계적으로 분석 저장하고, 경쟁업소에 대한 벤치마킹도 사전준비를 철저히 하여 실시한다. 모든 자료는 기록으로 남겨져야 하며 가능하면 수치자료가 좋다.

가. 고객 요구 파악

● 직접 설문법

자신의 식당을 찾아와 식사한 고객에게 직접 설문을 받는 방법

 - 사전에 충분한 양해를 구할 것
 - 설문은 간단하고 쉽게, 1~2분 이내에 끝낼 수 있도록
 - 직간접적으로 고객의 신분노출이 되지 않도록
 - 설문 후 간단한 사례(후식, 기념품 등)

- 고객 반응 관찰

  식당을 이용하는 고객들의 반응을 면밀히 살피고 기록하는 방법

  - 고객불편 및 칭찬 사항

  - 음식을 남기거나 부족함을 느끼는 사항

  - 식사하는 동안의 대화 및 음성

- 최신경향 분석

  전문잡지, 신문, 방송 등의 관련 내용 스크랩 및 분석

  - 구체적으로 관련 업종의 추세에 대해 분석

  나. 벤치마킹

  의미는 특정분야의 뛰어난 업체에서 쉽게 아이디어를 얻어 신상품 개발로 연결시키는 기법으로 경쟁, 선진업체에서 단순히 메뉴 등을 모방하는 것이 아니라, 면밀히 분석하여 그 품질, 프로세스, 관리 시스템 등을 응용, 자기화 한 후 활용하는 방법을 말한다.

  평소에 벤치마킹적인 관점에서 특정업체를 방문, 모니터링하는 것도 바람직하며 필요한 시점에 준비작업을 거쳐 목적에 타당한 벤치마킹을 하는 것도 좋은 방법이다.

④ Sample Menu 및 Simulation

구상된 메뉴는 모두 상품화 시켜서는 안되며 어느 정도 객관적인 검증이 필요하다. 이 과정에서 보통 고객만족 측면, 생산 능력 측면 등을 고려한 가상 실험을 실시하게 된다. 이 실험을 통과한 메뉴는 시범 조리하여 관능 검사 후 상품화 공정에 투입된다.

- 메뉴분석 및 평가 결과에 따른 신규 메뉴 수 결정

  - 교체가 필요한 메뉴를 참고하여 새롭게 선보여야 할 메뉴는 어떤 종류로 몇 가지로 할 것인가를 정한다.

- 평소에 수집한 자료와 시장분석에 의해 신규메뉴 수의 3~4배 정도의 후보 메뉴를 Sample Menu로 선정한다.

- 가상 실험(Simulation)을 통해 예상 매출과 수익성 등을 판단하고

최종 신규 메뉴 후보를 결정한다.

- 시범적으로 조리하여, 1차적으로 내부적인 관능검사를, 2차적으로는 샘플 고객에게 평가받아 본다.
- 지적 사항을 조정하여 최종 메뉴를 결정한다.

(2) 기초 Data 구하기

메뉴엔지니어링을 수행하기 위해서는, 그 기법에 따라 차이는 있지만, 몇가지 간단한 숫자로 된 실적 자료(Data)가 필요하다. 어쩌면 메뉴엔지니어링의 성공여부는 이 Data가 정확하고 원하는 시기에 원하는 만큼의 정보로 얻을 수 있는가? 에 달려 있다고도 볼 수 있다. 다음은 메뉴엔지니어링을 위한 기초 Data는 무엇이며, 어떻게 구하고 관리하는가에 대한 내용이다.

① 가격/원가, 판매량

메뉴의 가격은 그 메뉴를 판매하기 시작하면서 결정된다. 물론 레시피에 의해서 그 메뉴를 만드는데 소요되는 식재료 원가도 계산되어진다. 일반적인 메뉴엔지니어링에서는 원가라고 하면 식재료 원가를 이야기한다.

중간에 가격이 변동되거나 식재료 원가가 급격히 바뀔 때에는 그 시점을 기준으로 나눠서 두 차례의 메뉴엔지니어링을 시행한다. 그런 후 뒤에서 다루게될 동적분석의 방법으로 해석하면 된다. 일반적으로 메뉴엔지니어링 분석 단위기간(6개월 혹은 1년) 내에는 가급적 가격을 변동시키지 않으며, 식재료 원가도 그 수준에 맞추려고 노력한다.

판매량은 분석기간 동안 팔린 각 메뉴별 숫자를 말하여 무료 제공인 경우엔 계산에 넣지 않고 할인해서 판 경우 할인 내용을 고려하지 않는다.

② 매출액, 원가율, 마진

- '매출액 = 가격 × 판매가격' 즉, 각각의 메뉴는 얼마씩 받아서 몇개를 팔았는가의 결과가 매출액이다.
- '원가율(식재료)＝원가(식재료)÷판매가×100' 원가율이란 판매가격에서 차지하는 식재료 원가의 비율을 말하며, 항상 어떤 특정한 부분이 전체중에서 몇%를 차지하는가를 계산할 때 '부분÷전체×

100'이란 계산식도 사용한다.

●'마진 = 가격 원가(개당)', '마진 = 매출 총원가(전체)' 이책에서 다루는 마진은 가격에서 단순히 식재료 원가를 차감할 것을 말한다.

③ 계량화가 되지 않은 Data(노동강도, 선호도 등)

메뉴엔지니링 기법에 따라서는 메뉴를 만드는데 소요되는 노동정도(노동강도), 고객들의 선호도 등 숫자로 직접 Data를 뽑아내기 어려운 것들도 있다. 이러한 형태의 정성적(定性的)인 Data는 보통 설문조사라든지 직접 면담들의 방법을 통해 수집한다.

예를 들어 메뉴별 노동강도를 구하고자 할 때에는 전체 분석 대상 메뉴 중에서 가장 난이도도 높고 손이 많이 가는 메뉴에 노동강도 100을 부여한 후 각 메뉴들에 대해 이 메뉴와 비교한 노동강도를 하나하나 정해나간다. 이때 조리장이나 오너 혼자서 결정하는 것보다는 같은 주방에서 일하는 전체 구성원에게 설문형식으로 물어보고 해당 직무의 난이도에 따라 비중을 달리하여 반영하면 비교적 객관적인 노동강도를 구할 수 있다. 결국 비계량적 Data는 상대 평가에 의해 그 값을 부여하면 메뉴엔지니어링에 사용하는데 큰 무리가 없다는 말이다.

④ Data의 집계 및 관리

메뉴엔지니어링을 통해 메뉴에 대한 의사결정을 내려야할 시기가 임박하여 필요한 Data를 구하고자 한다면 시간이 촉박하며 제대로 된 충분한 Data를 구하기도 힘들뿐만 아니라 제때에 원하는 의사결정을 하기도 어렵다. 따라서, 가능한 계량적인 자료는 컴퓨터에 의해서 자동적으로 집계되는 시스템을 갖추어 놓는 것이 좋은데, 이런 경우 메뉴엔지니어링 프로그램과 연결시켜 실시간으로 메뉴엔지니어링 결과를 볼 수 있다. 비계량적인 자료들도 계획적으로 수집하여 정리하여 둔다면 메뉴엔지니어링 가동 시점에 손쉽고 유동하게 활용할 수 있다.

(3) 본 책자의 메뉴엔지니어링 기법 전개 방향

본 책자에서는 메뉴엔지니어링의 가장 기본적인 방법이며, 카사바나에 의해 처음으로 소개된 4분면 분석기법을 기초로 한다. 그렇다고 해서 이론적으로 그 원리를 파고들려고 하지 않을 것이며 그럴 필요도 없다. 어쩌면 너무 평이한 것이기 때문이다.

이 4분면 기법은 어떻게 하는 것인가를 설명하고 그 한계에 대해 살펴볼 것이다. 즉, 4분면 기법이 가지고 있는 취약점은 무엇이며 이를 극복하기 위해서는 어떠한 기법을 동원하여 보강할 것인가를 고민한다. 이 과정에서 순위법과 종합법이 소개될 것이다.

일정 기간내의 실적에 대한 분석을 토대로 한 의사결정이 가지는 한계를 추리하여 시계열적인 혹은 계절적인 메뉴 실적 분석결과의 변화에 대해서도 분석하는 방법을 모색하였다. 물론 이러한 Data를 어떻게 해석할 것인가에 대한 것도 소개하겠다.

2. 4분면 분석 기법

1) 4분면 분석 기법의 일반적인 활용

TV의 오락성 퀴즈 프로그램을 보다보면 흔히 O/X 선택형 문제가 제시되어 탈락자와 정답자를 가려내는 장면이 나온다. 이런 문제의 경우 주로 몇백명의 특정한 사람들에게 물어본 설문결과에 대한 것이거나 명확히 O/X로 판단할 수 있는 사실적인 문제이다. 이처럼 어떤 사물이나 사실에 대해 아주 명확하게 O/X로 결정할 수 있는 경우에는 TV프로그램에서 뿐만 아니라 실생활에서 의사결정을 내릴 때에도 필요한 선택방법이다. 예를 들어 외출을 하려고 하는데 비가 오면 우산을 쓰고 나간다 라는 말은 논리적 진실이나 모순을 거론할 필요없이 일상적으로 O인(즉, 옳은) 판단이다. 하지만, TV 프로그램에서도 종종 실수를 범하듯이 O/X로 판단을 하는 경우 큰 문제에 봉착하는 경우가 발생하기도 한다. 예를 들어 몸무게가 70kg인 사람은 비만인가? 라는 질문에 어떻게 답을 해야 할까. 키가 2m가 넘는 사람인 경우 말랐다 라고 해야하겠고, 150cm인 초등학생이라면 상당히 큰 문제를 안고있는 비만이라고 해야할 것이다.

이처럼 어떤 사실이나 사물에 대해서 판단하고 의사결정을 내려야 할 때 하나의 요소(앞에서 예를 들었던 몸무게) 만을 가지고 결정 할 수 없다. 그렇다고 의사결정을 내리는데 모든 고려요소를 생각해야 한다면 너무 어렵고 복잡할 것이다. 사실상 정밀하고 객관적으로 비만여부를 판정하기 위해서는 단순히 외형적으로 측정 가능한 몇가지 만으로는 불가능하다.

이러한 O/X형의 양자 택일식 의사결정 내지는 판정이 가지는 한계를 극복하고 2가지의 서로 독립적인 중요한 요소를 도출한 후 그 두 요소의 해당자료를 찾아내어 해석하고자 하는 것이 4분면 분석기법이다.

위에서 예를 들었던 비만의 경우 키와 몸무게 두가지 요소만으로도 비교적 타당한 판정을 내릴 수 있다고 보며, X축에 몸무게를 Y축에 키를 대

입하여 상관관계상의 좌표(예를 들어 X=80, Y=180)를 읽음으로서 건
장한 체력을 가진 정상인이라고 평가할 수 있다.

(1) 4분면 분석법의 일반적인 사용 예

• 나의 가까운 친구들은 총 10명으로, 나는 친구와의 관계에서 배울점
이 있는가 하는 유익함과 만났을 때 재미가 있는가 하는 즐거움 두가지를
가장 중요시한다. 과연 각 친구들은 나와의 관계가 어떠한가? 그리고 어
떤 노력을 해야 할 것인가?

<친구와 나와의 관계>

	김철수	이영희	박창호	정순애	최갑돌	한만순	강미자	오길동	문필성	송훈식
유익함	1	2	3	4	5	6	7	8	9	10
즐거움	6	4	1	10	8	9	3	5	2	7

* 인명 밑의 숫자는 유익함 즐거움에 대한 순위임(1위＝가장 유익함/즐거움)

- 사분면 위에 표시하여 보면,

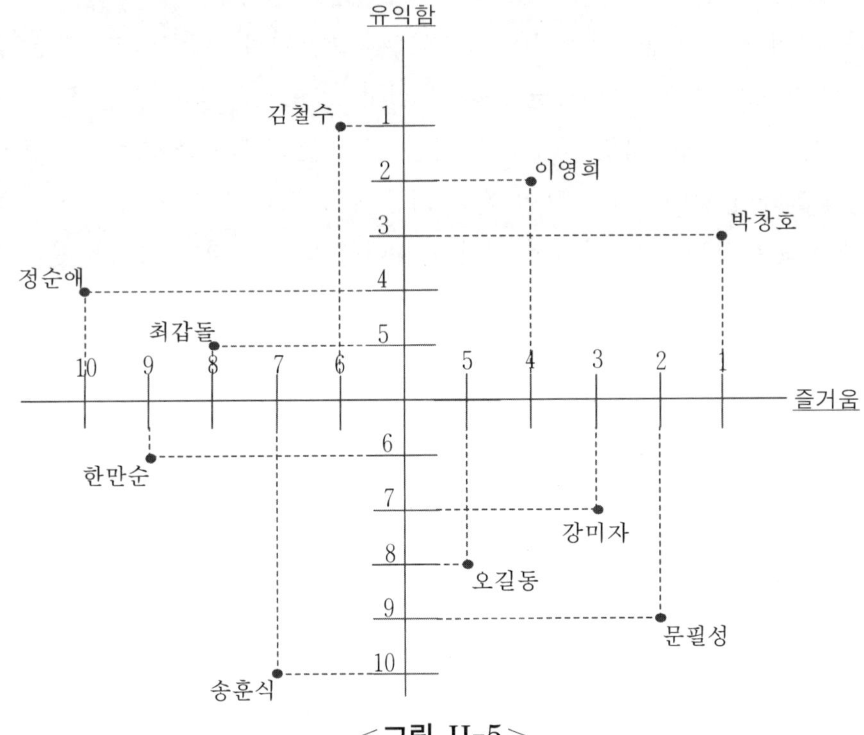

<그림 II-5>

- 해석하여 보면,

가. 이영희, 박창호가 속한 4분면(1사분면이라고 함)은 유익함도 평균보다 높고, 즐거움도 많은 좋은 친구들의 영역이라 볼 수 있다. 따라서 이들과는 관계를 돈독히 가져 나가는 것이 바람직하다.

나. 김철수, 최갑돌, 정순애가 속한 4분면(2사분면이라고 함)은 유익함은 있으나 즐거움이 평균보다 낮은 부류로서 현실에서 보면 이런 친구들과의 만남에서는 고리타분함을 느끼기 쉽고 재미가 없다.
그러므로, 이 그룹에 속한 친구들과는 취미생활을 같이 한다든지 서로 재미있고 유익한 만남이 되도록 노력할 필요가 있다. 이 친구들에게서는 분명히 배울점이 있기 때문이다.

다. 한만순, 송훈식이 속해있는 4분면(3사분면이라고 함)은 유익함도 낮고 즐거움도 별로 없는 그런 부류의 친구그룹이다. 명목상 친구일지 몰라도 서로 소홀해지고 있는 사이일지 모른다. 적극적으로 다가서거나 그냥 아는 친구 정도로 생각하는 것이 옳은 판단이다.

라. 강미자, 오길동, 문필성이 속해있는 4분면(4사분면이라고 함)은 즐거움은 있으나 유익함이 약한 부류의 친구 그룹으로 흔히 술친구라고도 할 수 있다. 만나고 나면 무엇인가 남는 것이 없고 허전한 그런 친구들이다. 이 그룹의 친구들과는 같이 책을 읽은 후 대화를 하거나 시사 상식 등에 관해 토론하는 등의 만나서 시간을 보내는 방법을 달리 가져볼 필요가 있다.

2) 4분면 분석 메뉴엔지니어링 기법

(1) 기본원리

- 앞에서 살펴본 일반적인 4분면 분석법을 응용한 메뉴엔지니어링 기법
  - 연구 개발한 학자들에 따라서 방법적 차이는 있으나 기본 원리는 비슷함
  - 대표적인 방법으로, 4분면 분석에 필요한 2가지 중요한 측정 도구로 메뉴별 기여 이익과 판매수량을 이용하는 카사바나 & 스미스 기법이 있음
  - 본 책자에서도 이 기법을 가장 기본적인 메뉴엔지니어링 기법으로 이용
- X축과 Y축에 각각 기여이익(Contribution Margin → CM)과 판매수량 구성비(Menu Mix → MM)를 대입하여 각 메뉴를 4분면 위에 실적에 따라 위치를 표시

- 이때, X축과 Y축 중 어디에 CM 또는 MM을 대입할 것이냐는 차이가 없으며 X축과 Y축이 만나는 점, 즉 두 직선의 교차점은 CM, MM의 판정기준점을 의미한다(이를 계산하는 방법은 뒤에서 상세하게 다룬다.).

- 각 메뉴의 실적을 4분면상에 나타내기에 앞서 CM, MM의 판정 기준점을 계산해내고 판정하여 종합적으로 평가해내기 위해서 계산 Sheet를 이용한다(이 Sheet 작성 및 활용방법도 바로 이어서 소개되어 진다.).

- 결론적으로 4분면 분석법을 이용한 메뉴엔지니어링 기법은, 기여이익과 판매량이란 두가지 기준에서 볼 때 각각의 메뉴는 우리가 운영하는 식당에 얼마나 이바지하였는가를 나타내 주고 그 결과에 따라 의사결정을 하도록 한다.

(2) 작업 sheet의 이해

① 작업 시드를 살펴보자.

<참고 II-12> 메뉴엔지니어링 4분면 분석을 위한 작업 Sheet

가	나	다	라	마	바	사	아	자	차	카	타
MENU -NAME	NO. SOLD	MENU -MIX	ITEM -COST	ITEM -PRICE	ITEM -CM	MENU -COSTS	PEVENUE	MENU -CM	CM -CATEGORY	MM -CATEGORY	CLASSIFICATION
계											

MM 기준 : ________   CM 기준 : _______

가. 메뉴 이름

나. 판매 수량(실적)

다. 판매 수량 구성비(전체 100% 중 구성비)

라. 메뉴 개당 원가(금액)

마. 메뉴 개당 판매 가격

바. 메뉴 개당 마진

사. 메뉴 총 원가(식재료)

아. 총 매출액

자. 메뉴 총 마진

차. CM 기준 평가

카. MM 기준 평가

타. 종합분류 평가

② 수집된 Data를 입력하자.

4분면 분석법 메뉴엔지니어링을 수행하기 위해서는 다음과 같은 4가지 정보가 필요하다.

• 첫째, 메뉴엔지니어링을 하고자 하는 식당의 메뉴들을 동일한 성격의 메뉴끼리 나눈 후 같은 그룹의 메뉴별로 동일한 분석 시트에서 같은 기준으로 분석하게 되는데 메뉴 그룹이 나눠지면 각 그룹별로 Sheet에 메뉴명을 기재한다.

*** 주의사항!!**

- 서로 다른 성격의 메뉴끼리 같은 시트에서 동일한 기준으로 분석해서는 안 된다. 예를 들어, 메인 메뉴는 메인 메뉴끼리, 식사 메뉴는 안주 메뉴와는 별도로 분석하며 점심과 저녁 혹은 주중과 주말의 메뉴가 서로 다른 경우 따로 분석해야 한다.

즉, 어떤 식당이 서로 다른 성격의 메뉴 그룹을 3개 가지고 있다면 세개 그룹을 별도로 메뉴엔지니어링을 해야한다. 평균 2만원대의 메인 메뉴와 2천원대의 디저트 메뉴를 같이 분석한다면 결과는 뻔하다.

- 2인분 이상 단위로 판매되는 메뉴가 1인분 단위의 메뉴와 섞여있는 경우 가격/원가는 1/2로 나눠서 기재하고 매출 수량은 2배로 입력한다.

- 중간에 없어지거나 새로 도입된 메뉴는 다른 메뉴와 같이 분석해서는 안된다.

• 둘째, 메뉴의 판매가격을 입력한다. 동일한 메뉴를 단체, 스페셜 등의 이유로 일부 할인해서 판매한 경우에는 이를 고려할 필요는 없다. 즉, 전부 정가를 받아 판매한 것으로 분석해도 큰 무리는 없다.

• 셋째, 식재료 원가를 입력하는데 메뉴엔지니어링 방법으로 원가관리를 하는 것이 아니기 때문에 아주 정밀하지는 않아도 되며 레시피 카드상의 식재료 원가 계산 결과를 활용해도 무방하다. 단지, 급격한 원가변동이 발생한 경우 서로 분리하여 분석하는 것이 좋다.

• 넷째, 판매수량을 입력한다. 여기에서 판매수량이란 해당 분석기간에 돈을 받고 판매된 메뉴판매 수량전체를 말하며, 무료로 제공되거나 덤으

로 서비스된 것 등은 계산하지 않는다.

③ 필요한 계산을 해나가자

Excel 프로그램을 이용하거나 패키지 소프트웨어를 활용하면 복잡한 계산과정을 하지 않아도 된다. 하지만 메뉴엔지니어링 결과를 이해하고 의사결정을 내리기 위해서는 계산 과정과 방법을 반드시 숙지하여야 한다.

● 판매 수량 구성비(Menu Mix → MM)

- 판매된 모든 메뉴의 합계를 100이라고 했을 때 각각의 메뉴는 그중 몇 %를 차지하는가의 값

- 계산식 : MM=각 메뉴의 판매수량÷전체메뉴 판매수량의 합×100

- 예를 들어, 전체 판매된 메뉴수가 5,000개라고 하고 그중에 메뉴 A는 700개를 판매했다면 계산은 700÷5,000×100=14.0으로 메뉴 A의 MM은 14.0이다.

● 메뉴 개당마진

- 판매가격에서 식재료 원가를 뺀 값으로, 3,000원짜리 자장면의 식재료 원가가 1,200원이라면 자장면의 개당 마진은 3,000-1,200=1,800원이다.

● 메뉴 총 원가(식재료)

- 각메뉴를 판매된 수량만큼 만들려면 총 얼마의 식재료 원가가 발생하는가?

- 그릇당 식재료 원가가 1,200원이라면 자장면을 분석기간인 2003년 1년동안 2,000그릇을 팔았다면 메뉴 총 원가 =1,200×2,000=240만원이 된다.

● 총 매출액

- 각 메뉴는 얼마씩 받아서 몇 그릇 팔았고 그 결과 총 매출액은 얼마인가?

- 3,000원씩 받아서 2,000그릇을 판매한 자장면의 매출액=3,000×2,000=600만원이다.

● 메뉴 총 마진

– 각 메뉴는 분석 기간동안 총 얼마의 마진을 남겼는가?

– 계산 방법은 '메뉴 개당마진×판매수량'으로 하거나 '메뉴 총 매출액–메뉴 개당 마진'으로 계산해도 결과는 같다.

– 앞의 예에서 자장면의 경우, 1,800원×2.000＝360만원의 결과와 600만원 240만원＝360만원으로 결과는 같다.

④ 판정기준을 계산하고 판정해 보자

메뉴엔지니어링을 전개하는데 필요한 계산을 마쳤다면 다음 단계는 판정기준을 구하는 일이다. 여기에서 '판정기준'이란 무엇인가? 우선 4분면 분석법이란 점에 주목하자.

4분면이란 두개의 직선이 직각으로 교차하여 평면을 4등분한 4개의 분면을 말하며, 이때 두개의 직선은 분석하고자하는 대상을 판정하는데 가장 중요하다고 판단된 요소의 값을 나타낸다.

4분면 분석법을 활용한 메뉴엔지니어링에서의 2가지 중요한 요소는 앞에서도 언급했듯이 '기여이익'과 '판매수량'이 되며 그 판정 기준점은 기여이익 (혹은, 판매수량)의 평균값이다. 즉, '기여이익'의 평균값과 '판매수량'의 평균값에서 두 직선은 교차한다. 그렇다면 각각의 판정기준값을 구해보자.

● 기여이익(CM) 기준

– 식당을 운영하면서 발생한 전체의 이익은 각 메뉴의 총 마진을 더한 합계이다. 예를 들어, 자장면, 짬뽕, 탕수육 세가지 메뉴로 1년간 각각 100만원, 60만원, 40만원의 메뉴별 총 마진이 발생했다면 전체 이익은 이들을 더한 200만원이 된다.

– 메뉴별 총 마진의 합계 즉, 전체이익은 메뉴의 구분없이 선체 판매수량만큼 판매해서 얻은 것이다.

– 따라서, 개당 평균기여 이익(＝기여이익 기준)은 전체이익을 전체 판매수량으로 나눈 값이 된다. 위의 예에서, 1년간 자장면 6,000그릇,

짬뽕 3,000그릇, 탕수육 1,000그릇을 팔았다고 가정하면 메뉴에 상관없이 총 10,000그릇 판 것이 되며 기여이익(CM) 기준은 200만÷1만 =200이 된다.

● 판매수량(MM) 기준

- 각 메뉴의 가격이나 매출액과는 상관없이 판매수량 측면에서 얼마만큼 팔았을 때를 기준으로 할 것인가?

- 예를 들어, 갑 식당이 메뉴를 5개 가지고 있고, 분석대상 년간 총 10,000 그릇 팔았다고 가정하면 각 메뉴는 100%의 1/5인 20%씩 판매수량을 담당하는 것을 기준(평균)으로 삼을 수 있다. 그릇 숫자로는 10,000위 20%인 2,000그릇이 된다.

- 1970~80년대에 실증적으로 연구한 결과 이렇게 '100 ÷ 메뉴수'의 값을 바로 MM기준으로 설정하여 분석한다면 현실적으로 기준이 너무 높다는 결론을 얻었다. MM판정기준을 낮출 필요가 있다는 것이다.

- 따라서, 연구결과에 의하면 0.7 혹은 0.8을 위 계산 값에 곱해주어야 한다(이는 일반적으로 어떤 값을 통계적으로 낮추고자 할 때에는 1보다 작은 수를 곱해준다는 원칙에 따른 것이다). 갑식당의 경우 MM기준은 20%인, 2,000그릇에 일반적으로 많이 사용하는 0.7을 택하여 계산한 20%×0.7=14가된다.

(3) 그래프로 그리기

① 그래프의 구조 이해

<참고 II-13> 4분면 그래프

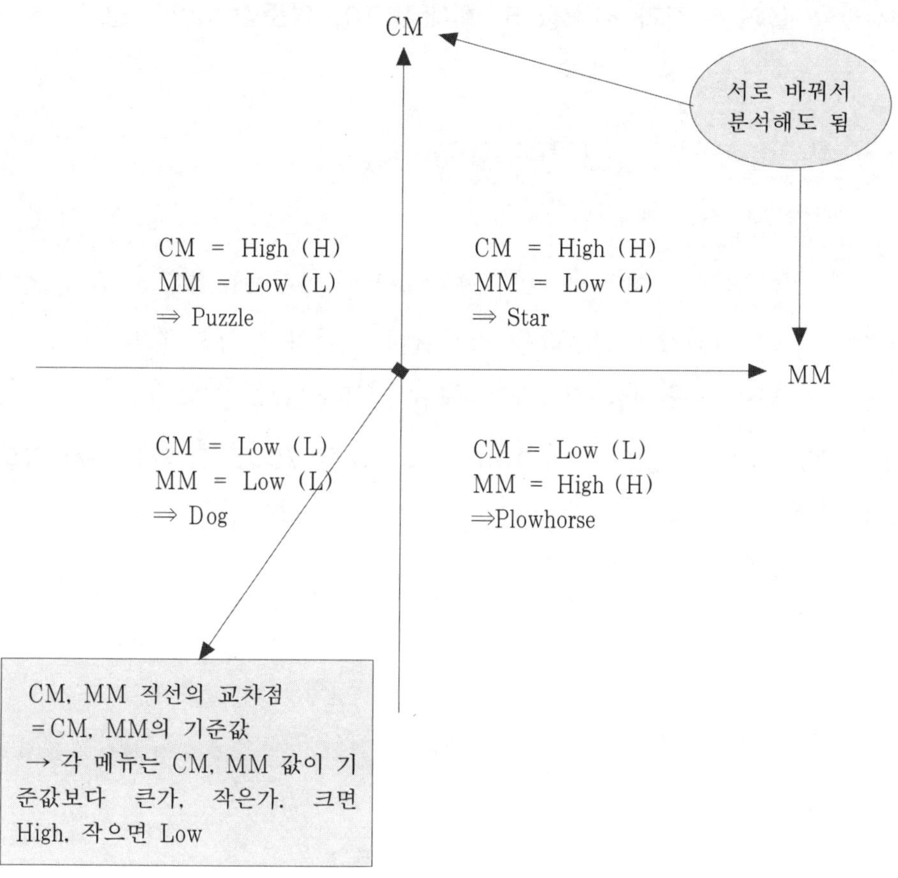

- 모눈종이를 이용하여 일정한 간격으로 MM, CM 값을 부여하고 모든 메뉴가 동일한 4분면 위에 표시되어야 한다.

② 그리기

• 빈 종이(모눈종이가 더 좋음) 위에 직각으로 교차하도록 두개의 직선을 그린 후 CM선과 MM선을 정한다.

• <참고 II-13>에서 MM기준값과 CM기준값을 확인하여 두 직선이 교차하는 점에 각각 기입한다.

• 분석 시트에서 각 메뉴의 CM값(개당마진), MM값(판매량 구성비)을 보고 최대값과 최소값이 기준값을 중앙에 두고 양쪽(상하)에 표시될 수 있도록 직선상에 표시한다.

ex) 메뉴별 MM값을 살펴본 결과 최소값 5, 최대값 30, 기준값 12인 경우

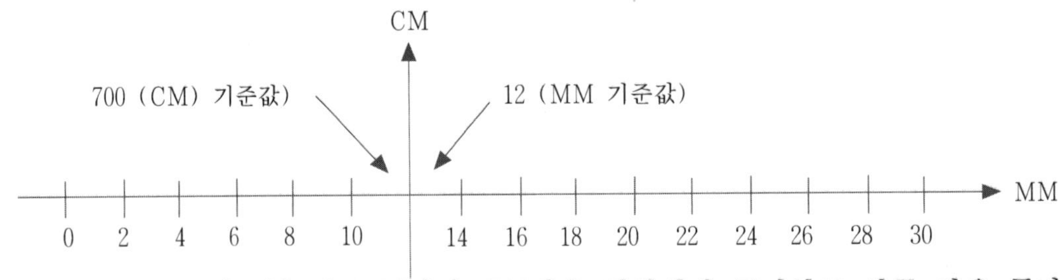

• 각 메뉴의 MM값과 CM값을 직선위에 표기하고 양쪽 값을 통과하는 두직선이 만나는 위치를 찾아내어 해당 메뉴 이름을 적는다.

ex) 위의 예에서 메뉴 A의 CM값이 1,000이며(CM기준은 700으로 가정) MM값이 20이라고 한다면.

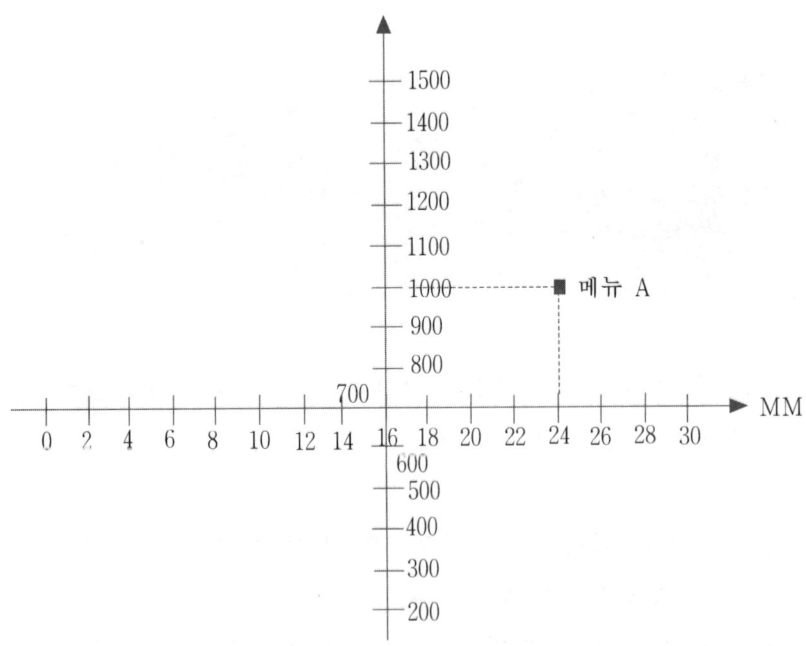

• 모든 메뉴가 표시되었다면 다음 단계로 넘어간다.

(4) 해석 및 한계

① 완성된 결과 읽기

4분면으로 분석하면 기여이익과 판매량 구성비란 두 가지 요소로 각각의 메뉴를 측정함으로써 각 메뉴에 대해 식당을 운영하는 측에는 얼마나 이익을 남겼고 고객은 얼마나 선호하였는가를 알아볼 수 있다. 이렇게 함으로써 기여이익이 낮은 메뉴(Plowhorse)는 어떻게 하여 매출이 크게 줄지 않으면서 이익을 높을 수 있는지 연구하고, 판매가 잘 안 되는 메뉴(Puzzle)는 어떻게 해서 최소의 추가 비용으로 고객에게서 더 많은 선호를 얻어 낼 수 있는지를 고려하여 대책을 수립할 수 있다. 하지만 4분면 분석법은 몇 가지 취약점을 가지고 있다. 이를 고려하지 않고 의사결정을 내릴 경우 큰 실수를 범할 수 있다.

<참고 II-14> 4분면 그래프의 이해

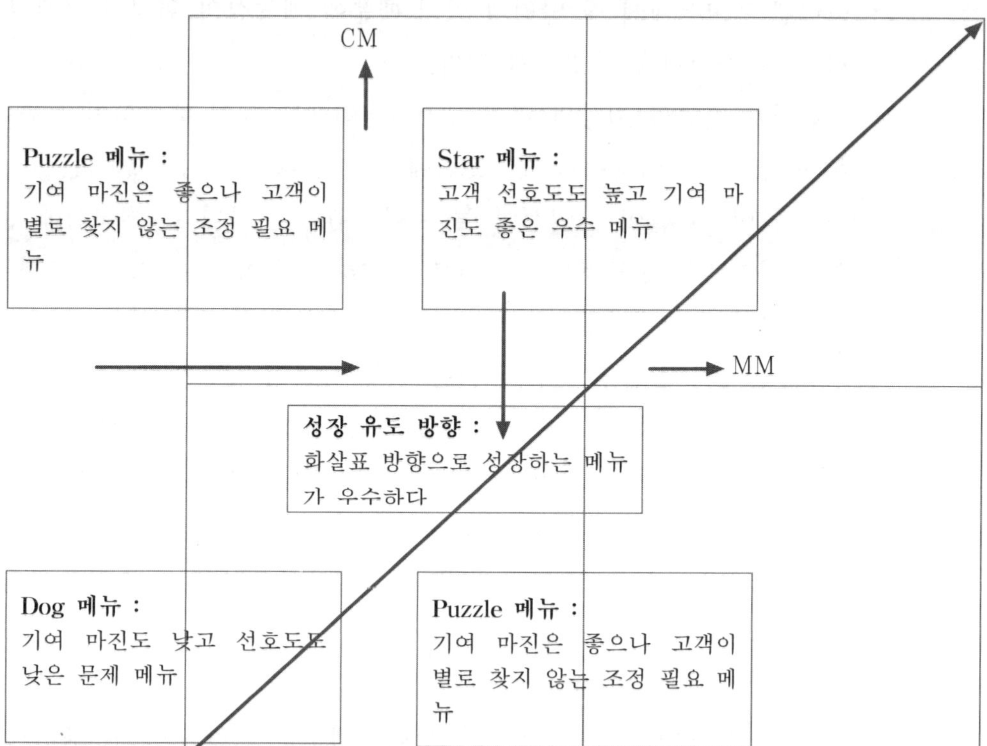

② 평가 방법

가. STARS

선호도도 높고 수익성도 높은 아이템으로 분류된 아이템군으로 다음과 같은 조치가 요구된다.

- 현재의 수준을 엄격히 지킨다(포션크기, 질, 담는 방법 등).
- 가격의 변화에 고객이 민감한 반응을 보이지 않기 때문에 가격 인상을 시도해 볼 수도 있다.
- 메뉴상 최상의 위치에 배열한다.

만약 이러한 조치를 취하여 메뉴를 재구성하고 일정 기간이 지난 다음에 다시 분석을 행한다면 지금의 STARS 아이템은 다른 아이템군에 포함될 수도 있다. 또한 조치 사항중 메뉴상 최상의 위치에 배열한다는 조치는 바람직하지 못한 방법으로 사료된다. 일단 STARS 군에 포함되는 아이템은 고객에게 잘 알려져 있기 때문에 메뉴상의 위치에 관계없이 고객은 그 아이템을 선호하게 된다.

반대로 메뉴상 최상의 위치는 전략적인 아이템이 배열되어야 한다. 물론 전략적인 아이템이란 레스토랑에서 가장 많이 팔기를 원하는 아이템이다. 이 아이템들이 수익성이 높은 아이템만은 아니다. 재고상에 문제가 있는 아이템일 수도 있고, 판매를 촉진하는 아이템일 수도 있으며, 고객을 유인하는 아이템일 수도 있다.

또한, 가격 인상과 같은 조치는 심각히 고려되는 사항이다. 이 분석에서는 선호도와 수익성(공헌마진)이 월등히 높은 아이템을 SUPER STARS 라고 한다. 이러한 아이템들은 판매가가 높은 아이템으로 판매가가 높은 아이템은 가격의 인상에 민감하지 않다는 이론에서 판매가의 인상도 생각해볼 수 있으나, 단순히 판매가의 인상으로 수익성을 높이려는 발상은 자제되어야 한다.

나. PLOWHORSE

선호도는 높으나 수익성이 낮은 아이템군을 말한다. 주로 중간대 이하의 가격군을 형성하는 아이템으로 가격의 변화에 민감한 반응을 보이는 아이템들이다. 이 아이템군에 포함되는 아이템은 수익성(공헌마진)만 높으면 STARS 가 될 수 있는 아이템이기 때문에 조치 또한 수익성을 높이는 방향으로 이루어져야 한다.

- 판매가 인상을 시도한다.
- 선호도가 높기 때문에 메뉴상 아이템의 배열을 재고한다. 즉, 고객의 시선이 덜 집중되는 곳이 위치시킨다.
- 식자재 원가가 높은 아이템과 낮은 아이템과의 조화를 통하여 전체적인 원가를 줄여 판매가를 그대로 유지하면서 공헌마진을 높일 수 있는 방안을 강구한다.
- 포션을 약간 줄인다.

결국 이 분석에서 수익성은 CM으로 평가되어지기 때문에 수익성을 높이기 위해서는 판매가를 인상하거나 원가(원식자재)를 낮추어야 한다. 그런데 CM을 높이기 위해 판매가를 인상하면 수요의 감소를 초래할 수 있기 때문에 원가를 낮추어 CM을 높이는 것이 비교적 바람직한 방법이라고도 할 수 있겠다.

다. PUZZLES

수익성은 높지만 선호도가 낮은 아이템으로 가격대가 높은 아이템군을 말한다. 선호도만 높이면 STARS 군에 속하는 아이템들이다. 메뉴믹스의 이론에서는 이러한 아이템의 선호도가 높으면 높을수록 아이템의 평균 기여마진은 높게 나타난다. 이 아이템군을 위한 일반적인 조치 사항은 다음과 같이 선호도를 높이는 방향이 강구되고 있다.

- 메뉴에서 삭제한다. 특히 생산하는데 특별한 기능이 요구되거나, 많은 노동력을 요구하는 아이템의 삭제는 절대적이다.
- 메뉴상 최상의 위치에 배열한다.
- 아이템의 이름을 바꾼다.
- 판매가의 인하를 통하여 선호도를 높인다.
- 판매촉진을 통하여 선호도를 높인다.

- 이 그룹군에 속하는 아이템의 수를 최소화한다.

메뉴상 아이템의 이름은 합리적인 상표가 아니기 때문에 메뉴 관리자의 능력에 따라 얼마든지 새롭게 구성할 수 있다. 조리방식, 포션의 크기, 아이템의 모양 또는 가니쉬 등을 통하여 아이템의 판매가와 원가, 그리고 이름들을 바꾸어 고객에게 새로운 아이템으로 제공할 수 있다.

라. DOGS

수익성도 선호도도 없는 아이템으로 가장 바람직하지 못한 아이템군에 속한다. 선호도와 수익성을 동시에 높일 수 있는 방안이 강구되어야 하는데 다음과 같은 조치가 일반적인 조치이다.

- 메뉴에서 삭제한다.
- 판매가를 인상하여 PUZZLES 군의 아이템으로 만든다.

이상과 같이 아이템의 군에 따라 다양한 조치가 강구되고 있다. 그런데 문제는 현업에서 메뉴의 교체를 일정한 주기별로 하기 때문에 적절한 조치가 시의적절하게 이루어지지 않는 문제점도 있다.

③ 취약점

그래프 상에 그림으로 나타내기 전, 즉 분석시트만 봐서는 의사결정을 내리기가 쉽지 않다. 같은 분면에 속하는 메뉴에 대해 동일한 해석을 내려도 무방한지? 같은 분면에 있다고 하더라도 기여도 면에서 전혀 다르다. 이를 정확히 해석하기 위해서는 보완이 필요하다. 이 분석법에서는 중요한 척도로 기여이익과 판매량 두 가지만을 사용하였다. 문제는 이 두 가지 척도로만 분석해도 정확한 의사 결정을 내릴 수 있겠느냐 하는 것이다. 따라서 노동 요구 정도, 원가율 등의 요소도 분석의 척도로 사용 될 필요가 있다. 결론적으로, 4분면 분석법은 분석과정이 비교적 쉽고 의사결정에 큰 도움은 줄 수 있는 좋은 메뉴엔지니어링 기법이다. 하지만 그대로 사용하여 현실에 접목시키기에는 몇 가지 보안해야 할 점이 있다.

(5) 예제

고기 전문 식당 '대한정'의 2003년도 1년간 메뉴별 영업실적은 다음과
같다.

4분면 기법을 이용하여 실적을 분석하여보자.

메뉴명	가격 / 원가	판매량
삼겹살	6,000/2,500	6,000
불고기	7,000/3,000	600
돼지갈비	5,000/2,200	3,000
등심	12,000/6,000	2,000
목살	4,500/1,800	1,000
모듬 구이	10,000/4,500	400

① 풀이 1 Sheet 작성

메뉴명	판매량	판매 구성비율(%)	원가	판매가격	개당마진	총원가	총 매출액	총 마진	CM (기여마진)	MM (판매량 구성비)	평가
						(단위 : 천)					
삼겹살	6,000	46.1	2,500	6,000	3,500	15,000	36,000	21,000	L	H	pH
돼지갈비	3,000	23.1	2,200	5,000	2,800	6,600	15,000	8,400	L	H	pH
목살	1,000	7.7	1,800	4,500	2,700	1,800	4,500	2,700	L	L	Dog
불고기	600	4.6	3,000	7,000	4,000	1,800	4,200	2,400	L	L	Dog
등심	2,000	15.4	6,000	12,000	6,000	12,000	24,000	12,000	H	H	Star
모듬구이	400	3.1	4,500	10,000	5,500	1,800	4,000	2,200	H	L	Puz
Total	13,000	100%				39,000	81,700	54,700			

총 원가율 : 43.6%

MM기준 : 11.67

CM 기준 : 4.207

② 2, 4분면 위치 표시

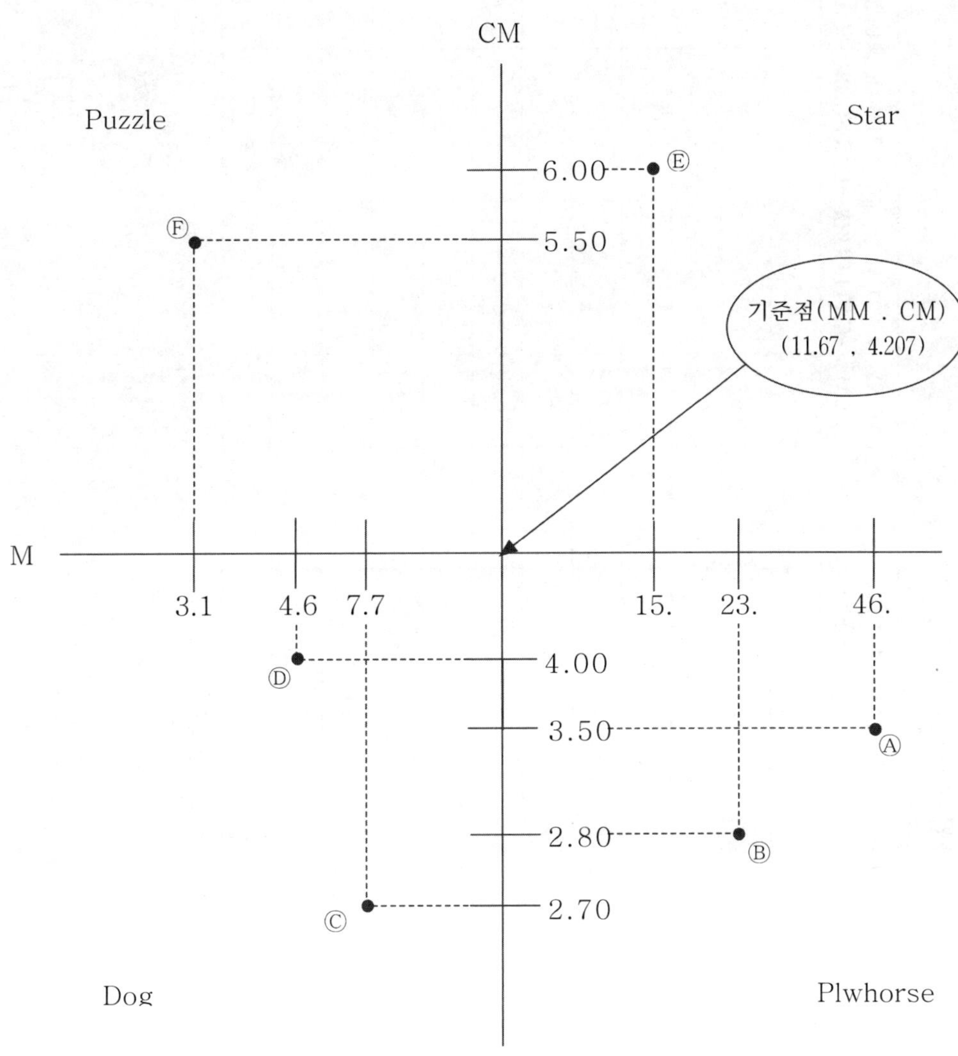

A : 삼겹살

B : 돼지갈비

C : 목살

D : 불고기

E : 등심

F : 모듬구이

(6) 작성 시트

① 메뉴엔지니어링 4분면 분석을 위한 작업 Sheet

MENU -NAME	NO. SOLD	MENU -MIX	ITEM -COST	ITEM -PRICE	ITEM -CM	MENU -COSTS	PEVENUE	MENU -CM	CM -CATEGORY	MM -CATEGORY	CLASSIFI CATION
계											

원가율 :　　　　　　CM 기준 :　　　　　　MM 기준 :

② 4분면 분석 그래프(연습용)

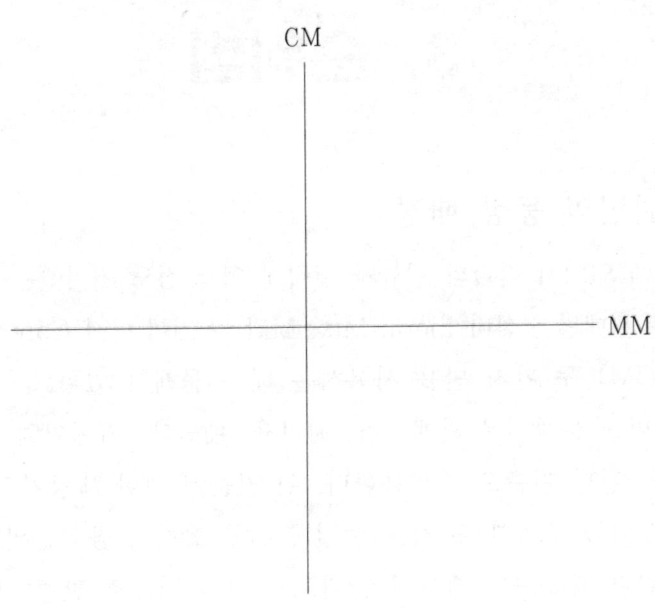

③ 최종 판정용(연습용)

메뉴명	CM	MM	CLASSFICATION	판정

3. 순위법

1) 순위법의 등장 배경

식당영업에 있어서 각각의 메뉴가 실적에 어느 정도 기여했는가를 판단하는 기준으로 판매량 구성비(Menu Mix, MM)와 기여 마진(Contributional Margin, CM) 두 가지 만을 사용하는 데는 문제가 있다.

본 순위 비교 분석법은 판매수량, 원가율, 매출액, 기여이익, 노동 강도 등 5가지를 판단 기준으로 사용한다. 위 기준에 대한 해당기간의 실적을 집계하고 순위를 부여한 후 각 기준별 순위를 합하여 종합순위를 구한다. 집계된 순위가 빠를수록 메뉴의 공헌도가 높은 것으로 판정하며, 일반적으로, 독자적으로 사용하지 않고 다른 기법과 혼합하여 사용한다. 4분면 분석법의 취약점을 보안하기 위하여 쓰이고, 독립적인 분석법으로 사용되기도 한다.

순위법의 분석원리는 메뉴의 기여 실적 분석을 위해 필요한 5가지의 요소의 순위를 각각의 메뉴에 부여하고 그 합을 집계하여 종합 순위를 따지는 방법이다. 이에 동원되는 요소로는 판매수량, 원가율, 매출액, 총기여이익, 매출 총 마진, 노동 강도 등 5가지이다.

> ●순위 비교 분석법은…
> - 판매 수량, 원가율, 매출액, 기여이익, 노동강도에 대한 해당 기간의 실적을 집계하고 순위를 부여한 후, 각 기준별 순위를 합하여 종합순위를 구한다.
> - 집계된 순위가 빠를수록 메뉴의 공헌도가 높은 것으로 판단한다.
> - 보통, 독자적으로 사용하지 않고 다른 기법과 혼합하여 사용한다.

2) 순위법의 분석 시트 이해

<참고 II-15> 순위법 분석시트

메뉴명	판매 수량(개)		원가율 (%)		매출액 (원)		메뉴 총 마진(원)		노동 요구 정도		순위 합계	총 순위
	실적	순위	실적	순위	실적	순위	실적	순위	실적	순위		

⁂ 순위비교법 작성 방법

① 각 메뉴에 대해 해당 기간의 판매수량, Cost(원가율), 매출액, 기여이익, 작업 요구정도(노동강도)에 대한 실적을 집계한다.

※ 노동강도 구하기

각 메뉴의 노동강도를 구하는 데는 주관적인 판단에 의존할 수밖에 없다. 직접 현장에서 일하는 담당자들의 의견을 수렴하여 점수를 부여한다.

- 점수가 낮을수록 우선순위
- 고려사항 : 조리난이도, 소요시간, 저장성, 재료수급 용이성

② 작업 요구정도는 각 메뉴를 조리하는데 필요한 인력 요구정도를 비교하여 순위를 부여한다.

③ 좋을수록 순위를 높게 하여 각 메뉴의 순위를 정한다.

 - 판매수량, 매출액, 기여이익이 높을수록 우선순위를 준다.

 - 원가율, 노동강도는 낮을수록 우선순위를 준다.

④ 각 메뉴별로 전체 순위를 합하여 기록한다.

⑤ 전체 순위가 낮을수록 우선순위로 하여 각 메뉴의 총순위를 정한다.

3) Sample을 통한 이해

<참고 II-16> 순위법 분석시트 및 해석

메뉴명	판매 수량(개)		원가율 (%)		매출액 (원)		메뉴 총 마진(원)		노동 요구 정도		순위 합계	총 순위
	실적	순위	실적	순위	실적	순위	실적	순위	실적	순위		
오므라이스	68,860	1	68.90	5	413,160,000	1	284,667,240	1	70	1	9	1
스파게티	15,064	2	65.54	4	97,916,000	2	64,172,640	2	80	2	12	2
햄버거스테크	10,767	3	62.25	3	86,136,000	3	53,619,660	3	120	5	17	3
돈 까스	6,424	4	76.97	7	48,180,000	4	37,085,752	4	100	4	23	4
소갈비	1,470	5	60.00	1	4,410,000	5	2,646,000	5	140	7	23	4
스테이크	53	6	71.73	6	954,000	6	684,336	6	130	6	30	7
불고기백반	15	7	60.31	2	240,000	7	144,750	7	90	3	26	6

• 판매수량 : 오므라이스가 68,860개로 가장 많고, 스파게티, 햄버거 스테이크 순서

• 원가율 : 소갈비가 가장 낮은 60.00%로 1위이고 불고기 백반, 햄버거, 스테이크의 순서

• 매출액 : 오므라이스가 413,160,000원으로 1위이고, 스파게티, 햄버거 등 순서

• 총 기여이익 : 오므라이스가 128,492,760원으로 1위이고, 스파게티, 햄버거 등 순서

● 노동 강도 : (설문에 의한 실적결과, 소갈비가 가장 힘들다고 하여
7위, 오므라이스 가장 쉬워 1위)

● 순위합계 : 오므라이스가 9점으로 가장 낮은 수로서 1위이다.

● 총 순위 : 오므라이스가 1위

⇒ **순위법의 한계** : 여러 가지 요소를 동원하여 쉬운 방법으로 메뉴의 실적
을 분석하였으나 순위 간 간격이 일정치 않고 낮은 순위에 있는 메뉴가 어디
에 문제가 있는지 의사결정 내리기가 쉽지 않다는 단점이 있다. 그러므로,
일반적으로 다른 방법을 보강하는 기법으로 사용된다.

4) 예제

4분면 분석기법에서 다룬 예제의 실적 자료를 바탕으로 하여 순위법을 이용한 분석을 해보자.
필요한 추가자료 = 노동강도
삼겹살 = 30   돼지갈비 = 70   목살 = 40   불고기 = 50   등심 = 40   모듬 구이 = 30

원가율은 각 메뉴의 단가에서 원가가 얼마나 차지하는지를 나타내는 것이다. 순위를 결정 할 때에는 원가율이 낮은 것부터 우선 순위이다.
* 각 메뉴의 원가 / 각 메뉴의 단가

음식을 만드는데 필요한 노동량.
이것은 객관적인 것보다 주관적인 판단으로 점수가 부여된다. 일하는 담당자들의 의견을 수렴하여 점수를 부여한다. 점수가 낮을수록 우선 순위이다.

메뉴명	판매수량(개)		원가율(%)		총매출액		총마진		노동요구		순위합계	총 순위
	실적	순위	실적	순위	실적	순위	실적	순위	실적	순위		
삼겹살	6,000	1	41.7	2	36,000,000	1	21,000,000	1	30	1	5	1
돼지갈비	3,000	2	44	4	15,000,000	3	8,400,000	3	70	6	18	4
목살	1,000	4	40	1	4,500,000	4	2,700,000	4	40	3	16	2
불고기	600	5	42.9	3	4,200,000	5	2,400,000	5	50	5	23	5
등심	2,000	3	50	6	24,000,000	2	12,000,000	2	40	3	16	2
모듬구이	400	6	45	5	4,000,000	6	2,200,000	6	30	1	24	6

이 세가지는 순위를 측정할 때는 높은 것부터 우선순위를 매긴다.

● 해석

- 5가지 순위법 평가요소인 판매수량, 원가율, 총 매출액, 총 마진 노동요구의 실적에 따라 순위를 부여하고 합산한 결과 위 순위 합계가 산출된다.

- 순위합계치가 작은 순서대로 총 순위를 부여하는데 동점일 경우 동순위로 인정한다.

- 결과적으로 삼겹살이 순위법상 1위이며, 모듬 구이가 6위이다.

- 이 결과는 4분면 분석결과와 반드시 일치하지는 않는다.

즉, STAR에 속하는 메뉴라고 PH나 PUZZLE에 속한 메뉴보다 항상 앞선 순위라고는 볼 수 없다. 본 예제와 4분면 분석법에서 다른 예제의 결과를 비교해보자.

- 순위합계 수치는 기여한 실적의 정도를 나타낸다고 볼 수 있는데 그 순위 간 수치의 간격이 일정하지 않는다는 점이 순위법의 한계이다.

즉, 1. 2위 간의 합계 수치 차는 11인데 반해서 다음 순위인 4위와의 차이는 2점에 불과하다.

- 순위법이 분석 결과를 보면, 각 메뉴가 특정한 요소에서 상대적으로 높거나 낮은 실적을 갖고 있다. 이는 그 메뉴의 취약점 혹은 강점이 되므로 뒤에서 의사 결정을 내릴 때 중요하게 참고한다.

5) 작성시트

순위법 시트(연습용)

메뉴명	판매수량(개)		원가율(%)		총매출액		총마진		노동요구		순위합계	총 순위
	실적	순위	실적	순위	실적	순위	실적	순위	실적	순위		

4. 종합법

1) 왜 종합법이 필요한가?

• 기본개념 : 4분면 분석법을 순위법으로 보완하여 종합적으로 하나의 분석결과를 나타내는 것이 종합법이다. 저자가 자체 개발하여 본책에 소개하는 것으로 아직 완전히 검증되었다고 볼 수 없다.

• 장점 : 4분면 분석법과 순위법을 결합시켜 단점을 최소화하고 장점을 살렸다는데 있다. 또한 최종 분석 결과를 A~G 등 총 7등급으로 표시하여 보다 변별력을 높였다.

• 방법 : 메뉴 관련 의사결정을 위해 기존의 분석 data의 정리/해석, 4분면 분석법의 결과와 순위비교법의 결과를 연결하여 새로운 평가 척도로 A, B, C, D, E, F, G 등급을 사용 : 4분면 분석법의 척도인 4가지 (Star, PH, PUZ, Dog)보다 정밀하고 현실적이다.

2) 종합법의 분석 방법

<참고 Ⅱ-17> 종합판정

〈작성 방법〉

먼저 4분면 분석법 및 순위 비교 분석법을 이용하여 각각의 결과를 도출합니다.

순위비교분석법의 총순위에 대하여 상위 20%이내, 50%이내, 80% 이내, 80%이외 중에 각각의 메뉴는 어디에 속하는지 평가합니다.

종합판정 기준표에 따라 각각의 메뉴에 대해 종합적으로 판정합니다.

〈종합 판정 기준표〉

Ⅱ＼Ⅰ	Star	Plowhorse	Puzzle	Dog
20% 이내	A	B	C	D
50% 이내	B	C	D	E
80% 이내	C	D	E	F
80% 이외	D	E	F	G

※ Ⅰ = 4분면 분석결과

　Ⅱ = 순위법 분석결과

순위법에서 총 순위가 전체를 100%로 볼 때 상위 몇 %안에 위치하는 가의 결과. 예를 들어 메뉴 숫자가 6개라면, 100÷6＝16.7로서, 총 순위 1등은 16.7 → 20% 이내, 2등은 33.4 → 50%이내, 3등은 50 → 50% 이내(경계에 위치하는 경우 유리하게 평가), 4등은 66.7 → 80%이내, 5등은 83.4 → 80% 이외, 6등은 100 → 80%이외

3) 종합법 판정시트의 이해

종합법이란 말 그대로 4분면 기법과 순위법을 mix하여 종합적으로 판정한다는 의미를 지닌다. 따라서, 각 메뉴의 4분면 분석결과와 순위법 결과를 먼저 계산한 후 종합적인 결과를 A, B, C, D, E, F, G등 7단계로 평가한다는 것이다.

예를 들어 어떤 메뉴의 4분면 분석결과가 PH이고 종합순위가 2위(전체7개 메뉴 중)라고 한다면 7개 메뉴 중 2위는 28.57%이내에 해당하므로 50%이내 등급에 속하여 PH이면서 50% 이내인 'C'가 종합판정 등급이 된다.

<참고 II-18> 종합 판정시트의 이해

- 종합 판정시트의 간단한 사례 시트

메뉴명	메뉴엔지니어링결과	순위법 결과(종합판정 %)	종합판정
오므라이스	Plowhorse	1 (14.28%)	B
스파게티	Plowhorse	2 (28.57%)	C
햄버거스테이크	Star	3 (42.85%)	B
돈까스	Puzzle	4 (57.14%)	E
소갈비	Dog	4 (57.14%)	F
스테이크	Puzzle	7 (100.00%)	F
불고기백반	Puzzle	6 (85.71%)	F

⁂ 판정 해석 및 대안

앞에서 설명한 대로 종합적인 분석을 하면 각 메뉴는 A~G사이의 종합법 등급을 받게 되며 그 등급 발생빈도는 D를 평균으로 한 정규분포의 형태를 보인다. 즉, C, D, E 등급이 비교적 많고, B, F → A, G 순서로 해당되는 메뉴 숫자가 적다.

한편, 4분면 분석법이 전체 메뉴를 4개의 범위로 나눠 평가하는 반면 종합법은 순위법을 반영하여 7개의 범위로 평가함으로써 보다 평가의 변별력을 높였다. 판정 결과에 대해 어떻게 해석하고 대안을 수립할 것이냐는 일단 아래의 <참고 II-19>와 같이 폭넓게 정리해 두고 뒤에서 다루게 될 예제 등에서 보다 상세하게 설명하고자 한다.

<참고 II-19>   종합 판정 해석 및 대안 표

종합 판정	해석 및 대안
A	Superstar 메뉴로 육성. 질을 고급화시켜 가격 인상 시도. 대표메뉴로 마케팅.
B	현행유지
C	Plowhores나 Puzzle인 메뉴가 C등급일 때는 현행유지 Star인 메뉴가 C등급인 경우 조정
D	필수 조정대상
E	여기에 해당하는 메뉴는 순위법 분석과정을 추적해 본다. 순위법에서 총 순위를 낮게 하는 데 원인이 되는 요소를 찾아 대안을 수립한다.
F	특별한 사유가 없는 한 탈락시키고 대체 메뉴 개방
G	특별한 사유 - 꼭 있어야 할 필요가 있는 메뉴인 경우, 계절성을 심하게 타는 메뉴 등

4) 예제

앞에서 다룬 '대한정'의 실적과 4분면 분석기법 및 순위법 분석 결과를 바탕으로 하여 종합법 분석을 하여보자

기여도 순위법	Star	pH	Puz	Dog
20% 이내	A	B	C	D
50% 이내	B	C	D	E
80% 이내	C	D	E	F
80% 이외	D	E	F	G

메뉴명	메뉴엔지니어링 결과	순위법 결과(종합판정%)	종합 판정
삼겹살	Plowhorse	1(16.7%)	B
돼지갈비	Plowhorse	4(66.8%)	D
목살	Dog	2(33.4%)	E
불고기	Dog	5(83.5%)	G
등심	Star	2(33.4%)	B
모듬구이	Puzzle	6(100%)	F

● 해석

'대한정' 식당의 각 메뉴별 종합법 분석결과를 계산한 다음 문제는 해석과 대안수립에 있다. 메뉴엔지니어링의 목적이 메뉴에 대해 의사결정을 내려 실행함으로써 수익성을 제고하는데 있음을 기억하자.

먼저, 종합 B등급을 받은 삼겹살과 등심은 특별한 상황이 발생하거나 마케팅 전략차원에서 조정이 필요한 경우를 제외하고는 현재의 가격을 유지하는 것이 바람직하다.

단지 대한정에는 A등급의 메뉴가 없기 때문에 B등급의 두 메뉴를 전략적으로 대표 메뉴화 시킬 필요가 있다. 이때 필요한 것은 마케팅 측면에서의 접근이다.

두 번째, 돼지갈비와 목살은 각각 D등급과 E등급을 받았기 때문에 조정을 필요로 한다. 돼지갈비는 4분면법에서 PH를 받았고, 순위법에서 4위를 했다. 이 결과를 역추적하여 순위법 분석과정을 살펴보자. p94의 예제를 보면 돼지갈비는 노동요구정도가 최하위인 6위를 차지하며 결과적으로 총 순위가 낮아졌음을 알 수 있다. 따라서 인건비 절감을 위해 반제품구매 등의 변화를 모색하여야 한다. 목살의 경우는 반대로 원가율이 좋다. 이럴 때에는 원가가 조금 높아지더라도 질 좋은 고기를 사용하거나 제공량을 늘리는 등의 노력을 기울일 필요가 있다.

셋째, F, G의 등급을 받은 불고기와 모듬구이는 특별한 사정이 있지 않는 한 다른 메뉴로 교체하는 것이 바람직하다. 이 때 어떤 메뉴로 교체할 것인가에 대해서는 뒤에서 다루도록 하자.

5) 작업시트

종합법 분석용 작업 시트(연습용)

메뉴명	4분면 결과	순위법 결과 (종합판정 %)	종합판정

5. 계량적 분석을 통한 의사결정 및 한계 인식

앞에서 우리는 분석하고자 하는 특정 영업장(앞의 예에서는 '대한정')의 영업실적 중에서, 쉽게 얻어낼 수 있는 숫자로 된 Data(이를 1차 Data 혹은 Raw Data 라고 함)를 기초로 주어진 분석과정(메뉴엔지니어링 과정)을 통해 의사결정을 쉽게 할 수 있도록 분석결과를 만들어 내었다. 그리고 그 분석결과를 어떻게 해석하고 의사결정에 반영할 것이냐에 대해서도 설명하였다.

다시 한번 반복하지만 계량적인 메뉴분석과 그 해석을 통해 우리가 얻고자 하는 것은, 내 영업장(식당)의 메뉴를 새롭게 조정하여 수익개선을 하자는 것이다. 따라서 본 책에서 다루는 방식을 통해 다른 영역의 관리, 예를 들어 원가관리, 손익관리 등을 하고자 한다면 에러를 범하게 된다. 결론적으로 이 책에서 다루는 메뉴 분석 과정 및 결과는 메뉴에 대한 의사결정 전용인 것이다.

그렇다면, 지금까지 앞에서 다뤘던 분석과정에는 메뉴의 선택과 조정 등에 영향을 미치는 모든 요소가 전부 반영되어 있을까? 반영되어 있지 않다면 어떤 점들이 반영되지 않았으며 어떻게 반영해야 할까?

치명적인 문제는 지극히 내부적인 분석이라는 점이다. 고객의 Needs 나 경쟁업체의 현황 등을 전혀 반영하고 있지 못하며 내부적으로도 직접 주방과 홀에서 일하는 사람들의 의사도 반영하지 못하고 있다.

둘째로, 특정한 시기에 일정시간 전까지의 고정된 기간만을 분석 대상으로 한다는 것이다. 식당영업을 하다보면 특정메뉴가 어떤 계절에는 팔리지 않는 경우도 있고, 현시점에서 볼 때에는 중간정도의 평가를 받았지만 과거 3년 전부터 6개월 단위로 잘라서 분석하여 보았을 때 지속적으로 좋아지고 있다면 앞으로 더 좋아질 개연성은 충분히 있다. 이 책에서는 이러한 계절적, 시계열적 변화 추이분석을 동적 분석이란 이름으로 III장에서 다루고 있으며, 고객 Needs, 경쟁업체분석, 내부직원 의견 등의 숫자화 되지 않은 정보 분석을 정성적분석이라는 이름으로 IV장에서 다룬다.

6. 사례연구 및 모의 문제

1) 사례연구

□ 연구대상 레스토랑 개요

ABC Steak House

위치 : 대전 서구

총 평수 : 180평(주방 60평)

총 좌석수 : 200석

총 인원 : 홀 30명, 주방 15명

주 고객층 : 20~30대 젊은층

□ 2003년도 영업 실적

메뉴명	가격 / 원가	판매량	노동요구
축 텐더 샐러드	13,200/3,900	1,331	20
브리즈번 샐러드	13,700/5,300	1,127	25
록 햄프턴 립아이	20,900/7,700	1,034	40
프라임미니 스터스 프라임 립	21,500/8,100	972	55
캔버라 찹 스테이크	16,000/4,200	671	45
립스 온더 바비	19,900/5,300	982	60
드로버스 플래터	18,900/4,800	872	60
카카두 갈비 스테이크	16,900/5,500	909	50
엘리스 스피링 치킨	13,500/4,700	729	50
아델레이드 라이스	13,500/5,100	321	80
빕 앤 터커 파스타	13,500/5,100	561	60
블루밍 어니언	6,500/2,100	213	30
쿠카부라 윙	8,500/3,100	312	40
그릴드 쉬림프 온더 바비	12,900/4,500	1,140	60
레인지 랜드 립래츠	8,600/3,300	1,026	40

풀이 1. 4분면 분석 시트

메뉴명	판매량	구성비(%)	원가	판매가격	개당마진	총원가	총 매출액	총 마진	CM	MM	평가
축 텐더 샐러드	1,331	10.9	3,900	13,200	9,300	5,190,900	17,569,200	12,378,300	L	H	pH
브리즈번샐러드	1,127	9.2	5,300	13,700	8,400	5,973,100	15,439,900	9,466,800	L	H	pH
록 햄프턴립아이	1,034	8.5	7,700	20,900	13,200	7,961,800	21,610,600	13,648,800	H	H	Star
프라임미니 스터스 프라임 립	972	8.0	8,100	21,500	13,400	7,873,200	20,898,000	13,024,800	H	H	Star
캔버라 찹스테이크	671	5.5	4,200	16,000	11,800	2,818,200	10,736,000	7,917,800	H	H	Star
립스 온더바비	982	8.0	5,300	19,900	14,600	5,204,600	19,541,800	14,337,200	H	H	Star
드로버스 플래터	872	7.1	4,800	18,900	14,100	4,185,600	16,480,800	12,295,200	H	H	Star
카카두 갈비 스테이크	909	7.5	5,500	16,900	11,400	4,999,500	15,362,100	10,362,600	H	H	Star
앨리스스프링 치킨	729	6.0	4,700	13,500	8,800	3,426,300	9,841,500	6,415,200	L	H	pH
아델레이드 라이스	321	2.6	5,100	13,500	8,400	1,637,100	4,333,500	2,696,400	L	L	Dog
빕 앤 터커 파스타	561	4.6	5,200	13,500	8,300	2,917,200	7,573,500	4,656,300	L	L	Dog
블루밍 어니언	213	1.7	2,100	6,500	4,400	447,300	1,384,500	937,200	L	L	Dog
쿠카부라 윙	312	2.6	3,100	8,500	5,400	967,200	2,652,000	1,684,800	L	L	Dog
그릴드 쉬림프 온더 바비	1,140	9.3	4,500	12,900	8,400	5,130,000	14,706,000	9,576,000	L	H	pH
레인지랜드 립래츠	1,026	8.4	3,300	8,600	5,300	3,385,800	8,823,600	5,437,800	L	H	pH
Total	12,200	99.9%				62,117,800	186,953,000	124,835,200			

총원가율＝33.2%   CM＝10.232   MM＝4.7

풀이 2. 4분면 분석 그래프

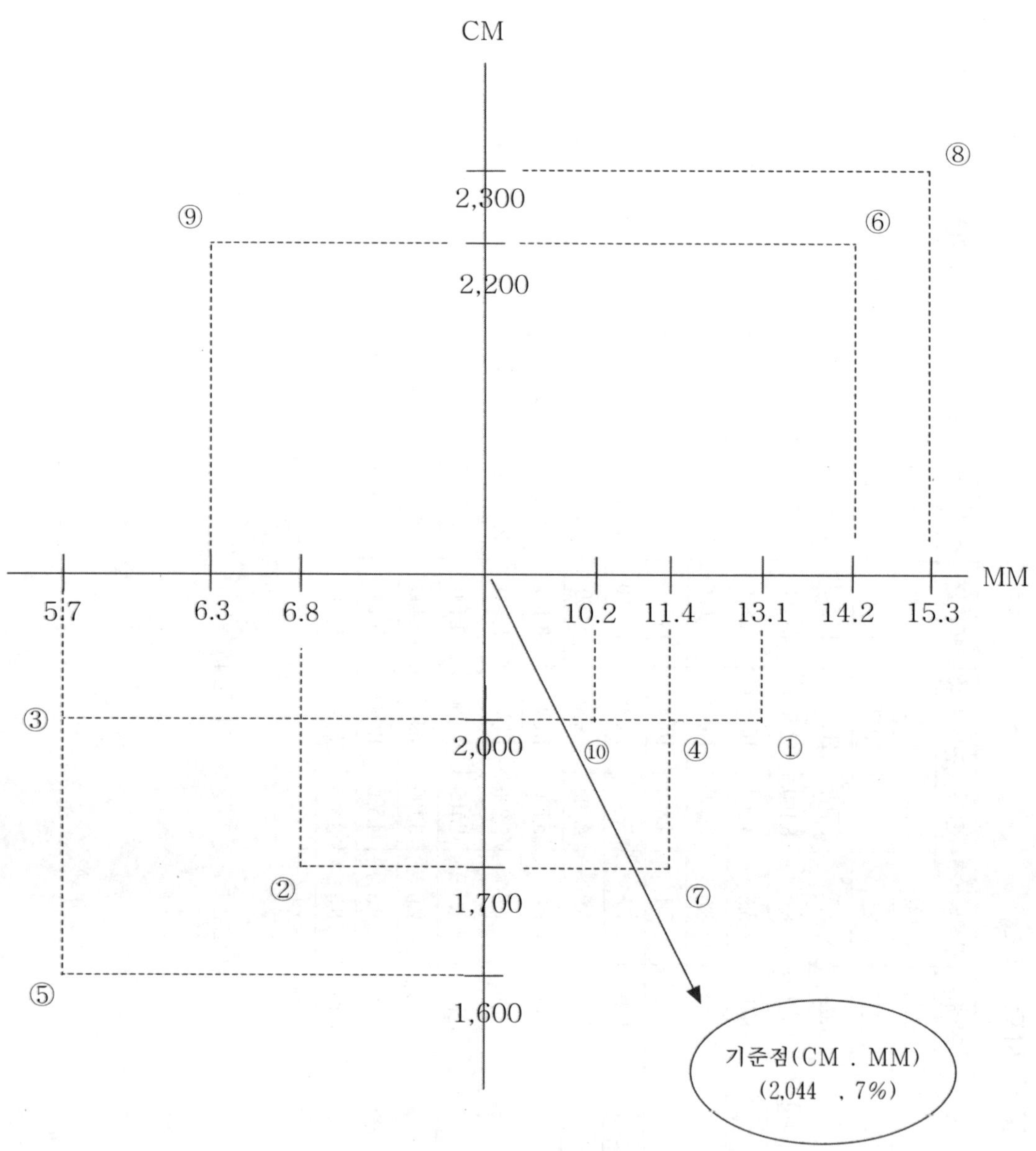

✷✷ 순위법

메뉴명	판매수량		원가율(%)		총매출액		총마진		노동요구		순위 합계	총 순위
	실적	순위	실적	순위	실적	순위	실적	순위	실적	순위		
축 텐더 샐러드	1,331	1	29.5	3	17,569,200	4	12,378,300	4	20	1	13	1
브리즈번샐러드	1,127	2	38.7	15	15,439,900	6	9,466,800	8	25	2	33	5
록 햄프턴립아이	1,034	4	36.8	10	21,610,600	1	13,648,800	2	40	4	21	2
프라임 미니스터스 프라임 립	972	7	37.7	11	20,898,000	2	13,024,800	3	55	10	33	5
캔버라 찹 스테이크	671	11	35.6	8	10,736,000	9	7,917,800	9	45	7	44	9
립스 온더바비	982	6	26.6	2	19,541,800	3	14,337,200	1	60	11	23	3
드로버스 플래터	872	9	25.4	1	16,480,800	5	12,295,200	5	60	11	31	4
카카두갈비 스테이크	909	8	32.5	5	15,362,100	7	10,362,600	6	50	8	34	7
앨리스스프링 치킨	729	10	34.8	6	9,841,500	10	6,415,200	10	50	8	44	9
아델레이드 라이스	321	13	37.8	12	4,333,500	13	2,696,400	13	80	15	66	15
빕 앤 터커 파스타	561	12	38.5	14	7,573,500	12	4,656,300	12	60	11	61	14
블루밍 어니언	213	15	32.3	4	1,384,500	15	937,200	15	30	3	52	12
쿠카부라 윙	312	14	36.5	9	2,652,000	14	1,684,800	14	40	4	55	13
그릴드 쉬림프 온더 바비	1,140	3	34.9	7	14,706,000	8	9,576,000	7	60	11	36	8
레인지랜드 립래츠	1,026	5	38.4	13	8,823,600	11	5,437,800	11	40	4	44	9

✽✽ 종합법

메뉴명	메뉴엔지니어링 결과	순위법 결과(종합판정 %)	종합판정
축 텐더 샐러드	Plowhorse	1 (6.6%)	B
브리즈번샐러드	Plowhorse	5 (33%)	C
록 햄프턴립아이	Star	2 (13.2%)	A
프라임미니 스터스 프라임 립	Star	5 (33%)	C
캔버라 참 스테이크	Star	9 (59.4%)	C
립스 온더바비	Star	3 (19.8%)	A
드로버스 플래터	Star	4 (26.4%)	B
카카두 갈비 스테이크	Star	7 (46.2%)	B
앨리스 스프링 치킨	Plowhorse	9 (59.4%)	D
아델레이드 라이스	Dog	15 (100%)	G
빕 앤 터커 파스타	Dog	14 (92.4%)	G
블루밍 어니언	Dog	12 (79.2%)	F
쿠카부라 윙	Dog	13 (85.8%)	G
그릴드 쉬림프 온더 바비	Plowhorse	8 (52.8%)	D
레인지랜드 립래츠	Plowhorse	9 (59.4%)	D

✖✖ 의사결정과 한계인식

메뉴명	메뉴엔지니어링 결과	종합판정	결과해석	의사결정
축 텐더 샐러드	Plowhorse	B	현행유지	대표메뉴로 키우기 위해서 원가를 낮춘다.
브리즈번샐러드	Plowhorse	C	현행유지	원가를 낮춰서 판매량을 늘린다.
록 햄프턴립아이	Star	A	대표메뉴로 마케팅	대표메뉴로 하면서 원가율을 낮춘다. 홍보를 계속해서 판매량을 꾸준히 증가 시켜야 한다.
프라임미니 스터스 프라임 립	Star	C	필수조정	원가율을 낮추고, 조리의 간편화를 시킨다.
캔버라 찹 스테이크	Star	C	필수조정	홍보로 판매량을 증가 시켜야 한다.
립스 온더바비	Star	A	대표메뉴로 마케팅	홍보를 계속하면서 판매량을 증가시킨다.
드로버스 플래터	Star	B	현행유지	조리의 간편화를 하며, 홍보로 판매량을 늘린다.
카카두 갈비 스테이크	Star	B	현행유지	조리의 간편화를 하며, 홍보로 판매량을 늘린다.
앨리스 스프링 치킨	Plowhorse	D	필수조정	원가율을 낮추고, 홍보로 판매량을 증가시킨다.
아델레이드 라이스	Dog	G	메뉴 탈락 후 대체메뉴	'신메뉴 구상' 원가율을 낮추며, 조리의 간편화를 하면서, Set메뉴로 판매량을 늘린다.
빕 앤 터커 파스타	Dog	G	메뉴 탈락 후 대체메뉴	'신메뉴 구상' 원가율을 낮추며, 조리의 간편화를하면서, Set메뉴로 판매량을 늘린다.
블루밍 어니언	Dog	F	메뉴 탈락 후 대체메뉴	판매가격을 올린다. 조리의 간편화를 하면서, Set메뉴로 판매량을 늘린다.
쿠카부라 윙	Dog	G	메뉴 탈락 후 대체메뉴	판매가격을 올린다. 조리의 간편화를 하면서, Set메뉴로 판매량을 늘린다.
그릴드 쉬림프 온더 바비	Plowhorse	D	필수조정	판매가격을 올리면서 조리의 간편화를 한다.
레인지랜드 립래츠	Plowhorse	D	필수조정	판매가격을 올리면서 홍보로 판매량을 증가시킨다.

2) 모의문제

모의문제 1. 덮밥 전문 레스토랑 '파란 하늘' 2003년도 1년간 메뉴별 영업실적은 다음과 같다. 4분면 기법을 이용하여 실적을 분석하여라.

메뉴명	가격 / 원가	판매량	노동요구	메뉴명	가격 / 원가	판매량	노동요구
소고기 덮밥	3500 / 1500	2300	32	오므라이스	3500 / 1300	2500	42
제육덮밥	3000 / 1300	1200	27	해물덮밥	3500 / 1800	2000	62
참치덮밥	3000 / 1000	1000	34	돈까스 덮밥	4000 / 1700	2700	72
잡채덮밥	3500 / 1500	2000	78	야채덮밥	3500 / 1300	1100	36
오징어덮밥	3000 / 1400	1000	46	버섯덮밥	4000 / 2000	1800	29

모의문제 2. 스파게티 전문 레스토랑 '모모' 2003년도 1년간 메뉴별 영업실적은 다음과 같다. 4분면 기법을 이용하여 실적을 분석하여라.

메뉴명	가격 / 원가	판매량	노동요구	메뉴명	가격 / 원가	판매량	노동요구
까르보나라	9,900 / 4,500	312	69	미트볼 스파게티	8,900 / 3,700	112	85
미트소스 스파게티	8,900 / 3,700	226	61	버섯 스파게티	9,900 / 4,200	103	32
치즈오븐 스파게티	9,500 / 4,000	137	49	햄 스파게티	9,500 / 3,800	119	26
미고랭	11,000 / 5,000	212	62	김치 스파게티	11,000 / 4,500	245	23
해물크림 스파게티	9,500 / 4,500	113	77	마파두부 스파게티	10,500 / 4,300	173	59
커리크림 스파게티	9,500 / 3,900	214	57				

⇒ 정답은 VI장 부록에 있습니다.

1. 변화하는 Data를 분석하자

1) 수요 공급의 변화와 동적 분석의 개념

자본주의 경제사회에서는 어떤 상품이든지 수요와 공급의 관계에 의해 그 거래량, 가격 등 거래의 중요한 요소들이 결정되어진다. 또한 수요와 공급이란 것도 시간적, 공간적 환경에 따라 달라진다. 식당 비즈니스도 예외는 아니어서 어떤 식당의 어떤 메뉴도 시간의 흐름에 따라 그 수요와 공급은 변하게 마련이다. 그렇다면 식당업에서 특정 개별 메뉴에 대한 수요량이나 공급량의 변화는 어디에서 기인할까?

수요/공급량을 변화시키는 요인부터 살펴보도록 하자. 기본적으로 시장에서 어떤 상품을 찾는 사람이 꾸준히 많아지면 덩달아 그 상품을 팔고자 하는 사람도 많아진다.

식당 비즈니스를 예를 들어보자. 매스컴에서 생선이 건강에 매우 좋다고 연일 떠들어 대고, 시장에서 구입하는 가격이 비교적 저렴하다면 그리고 생선요리가 맛있고 누구나 쉽게 즐길 수 있다면 수요는 폭발적으로 늘어날 것이다. 이렇게 되면 당연히 생선요리를 팔겠다는 식당도 많이 생겨난다. 수요가 늘어나면서 당연히 공급도 늘어난다는 것이다.

또한, 경제 환경이 바뀌면서 특정 메뉴에 대한 수요가 바뀔 수 있다. 경기가 좋지 않은 최근에는 외식메뉴의 양극화 현상을 나타내고 있어, 저가 메뉴에 대한 선호, 가격 인하 경향 등이 있는 반면 고급 취향의 고가 메뉴에 대한 소비도 꾸준히 늘고 있다. 이러한 경향은 기존 메뉴에 대한 판세에 영향을 미치며 당연히 공급량이 변화한다.

또한, 고용의 불안정, 창업 열기 등의 추세에 따라 신규 식당 증가가 뚜렷한 특징으로 나타나고 있다. 수많은 중소규모 식당의 Open과 몰락은

더더욱 메뉴의 다양화, 단기간 수요 공급의 불균형을 초래하며 외식 시장에 큰 영향을 미치고 있다.

이렇듯 사회 경제적 환경이 고도화, 다양화되면서 1~2년전의 Data가 벌써 낡은 자료로 쓸모 없게 되어버리기도 하고 경기변화에 따라 특정 메뉴에 대한 수요가 큰 변화를 보일 수도 있다.

우리는 시간의 흐름에 따른(시계열적인) 변화나, 계절에 따른(계절적인) 변화를 면밀히 읽어내어서 의사결정 과정에 반영하여야 한다. 그렇지 않은 경우 심각한 오류에 빠진 의사결정을 내릴 수도 있다.

2) 동적 분석을 위한 Data의 관리

일반적으로 대형 식당의 경우 메뉴별 매출 실적이 실시간 집계되기 때문에 일정시점에 원하는 기간 단위의 Data를 손쉽게 관리하고 분석에 활용할 수 있다.

식당 비지니스에서의 동적 분석은 앞에서 언급했던 바와 같이, 각 메뉴가 시간의 흐름에 따라 어떻게 공헌정도가 변했는가를 보는 시계열적 분석과 메뉴의 계절별 실적변화를 추적하는 계절별 분석으로 나눠볼 수 있기 때문에 이러한 분석을 위해서는 월별실적(II장에서 다루었던 내용)을 3년 정도 집계하면 훌륭한 동적 분석용 Data가 된다.

즉, 분석지점을 기준으로 1년전(-1년), 2년전(-2년), 3년전(-3년)의 각 월별 실적표를 만들어 Excel프로그램에 저장 관리하면 된다.

다시 한번 정리하자면, 동적분석을 하기 위해서는 각 메뉴에 대한 가격, 식재료 원가, 판매수량 실적이 월별로 집계되어 3년간 누적되어야 한다는 것이다. 주의 해야할 것은, 식재료 원가의 변화, 노동강도의 변화 등은 주기적으로 반영하되 가격의 변화는 그 변화 시점부터 반영한다. 여기에서 주기적이라 함은 메뉴 분석 및 조정 주기(6개월 혹은 1년)를 기준으로 하는 것이 바람직하다.

3) 동적 분석의 필요성

앞에서 다룬 메뉴엔지니어링의 각종 기법들은 기본적으로 일정시점에 그 이전 특정시점까지의 실적을 단면적으로 다루고 있다는 데에서 근본적인 문제를 안고 있다. 예를 들어 냉면과 비빔밥, 칼국수 등을 판매하는 식당의 경우 1년간의 실적을 바탕으로 분석한다면 여름철에 많이 팔리는 냉면은 연간 실적으로 볼 때 낮은 평가를 받을 수밖에 없다. 물론 칼국수의 경우 냉면과 반대로 겨울에는 우수한 메뉴로 여름철에는 열등한 메뉴로 결과가 나타날 것이다.

또 다른 예를 살펴보자. 서울식당의 2004년도 메뉴엔지니어링 결과 갈비탕이 중간 이상의 판정이 나왔다고 가정한다(Ⅱ장, 종합법에서 C등급). 하지만, 이 메뉴는 3년전에는 아주 우수한 A등급이었고 점점 하락하는 경향을 보인다고 한다면 내년에도 C등급 이상 받을 가능성은 적다고 할 수 있다.

이러한 계절적 요인이나 시간의 흐름에 따라 고객의 선호도가 뚜렷한 경향을 보일 정도로 달라지는 경우를 분석하기 위해 추이분석을 해야 할 필요가 있다. 이런 분석방법을 일정시기, 일정기간 동안의 실적을 분석하는 정적 방법에 대응하여 동적(動的)분석이라 부르기로 하자.

4) 동적분석의 종류와 특징

(1) 시계열 분석

Ⅱ장에서는 일정기간을 기준으로(분석시점) 그 이전 1년간, 혹은 6 개월간을 분석하여 의사결정을 하였고 이를 정적(情的) 메뉴엔지니어 링이라고 칭하였다.

시계열 분석은 기준시점에서 좀 더 먼 과거(대략 3년)까지로 분석 기간을 넓히고 그 기간을 6개월 단위로 잘라 단위별로 분석을 함으로써 각 단위별로 차이가 있는가? 즉 시간의 흐름에 따라 분석 결과가 어떤 변화추이를 보이는가를 주목해야 하는 방법이다.

이 분석법을 이용하면 어떤 메뉴가 공헌도 측면에서 상향하는 경향이 있으며 어떤 메뉴가 하락하는지 등을 알아볼 수 있다.

(2) 계절 요인 분석

과거 3년간의 월별 실적을 계절별로 묶어 분석하는 방법이다. 즉. 시계열적인 것을 무시하고 봄, 여름, 가을, 겨울끼리 각각 묶어서 하나의 시트에서 분석함으로써 과년 각 메뉴의 계절별 실적에서는 차이가 뚜렷이 보이는가의 여부로 판단하자는 것이다.

> 계절 요인 분석 : 어떤 메뉴가 계절에 따라 실적변화가 뚜렷이 나타나는가.

> 시계열 요인 분석 : 어떤 메뉴가 시간의 흐름에 따라 실적변화가 뚜렷이 나타나는가.

2. 시계열 분석

1) 시계열 분석 과정

(1) 실적 집계 : 3년간의 월별 실적

<참고 III-1> 단위기간별 정적 분석 실적 집계표

메뉴명	가격	원가	노동강도	-3년상반 판매량						-3년하반 판매량						-2년상반 판매량						-2년하반 판매량						-1년상반 판매량						-1년 하반 판매량					
				1	2	3	4	5	6	7	8	9	10	11	12	1	2	3	4	5	6	7	8	9	10	11	12	1	2	3	4	5	6	7	8	9	10	11	12

* 1.2.3 가격변화
V 1.2.3 원가변화
↓ 1.2.3 노동강도 변화

가. −3년도(기준시점에서 3년전) 개시 시점의 메뉴별 가격, 식재료 원가, 노동강도 등을 기입한다.

나. 할인, 특별행사 등의 판매량도 차별없이 판매량 실적에 기입하고, 무료로 제공한 것은 제외한다.

다. 가격, 원가, 노동강도 등의 변화가 있는 해당 년/월 위에 변화된 표시를 한다(*, ∨, ↓).

라. 변화된 숫자를 sheet 아래의 해당란에 기록한다.

(2) 단위 기간(6개월)별 정적분석 및 종합

시계열 분석이란 6개월을 하나의 기간단위로 하여 3년 내외 기간동안의 메뉴별 실적을 분석하는 것이므로 가장 먼저 각각 6개월씩의 정적분석을 해야한다. 이를 통해 각 6개월씩의 정적분석 결과가 도출되어지며 이를 다음의 <참고 III-2>에 기록한다. 사실 수작업을 통하여 이러한 분석을 한다는 것을 많은 시간을 요하고 계산상 오류도 발생할 수 있다. 따라서 Excel 등의 계량적인 분석 프로그램이나 팩키지화된 통계프로그램을 사용하기를 권한다. 물론, 이러한 프로그램 자체를 개발하여 활용한다면 더할 나위 없을 것이다.

<참고 III-2>   단위 기간별 정적 분석 종합 기록시트

구분 / 메뉴명	-3년 상반			-3년 하반			-2년 상반			-2년 하반			-2년 상반			-1 하반			-1 상반		
	I방법	II방법	종합	I방법	II방법	종합	I방법	II방법	종합	I방법	II방법	종합	I방법	I방법	종합	I방법	II방법	종합	I방법	II방법	종합

* 여기에서 I 방법은 4분면법을, II방법은 순위법을 종합은 종합법을 말한다.

(2) 해석을 위한 시계열 분석 자료 변환

앞의 <참고 III-2>에서 각 6개월 단위의 정적분석 결과를 집계하였다. 물론 이 표만을 보고도 시계열상의 변화를 가늠해 볼 수 있지만, 보다 쉽고 정확한 의사결정을 위해서 변형된 sheet를 만들어 활용하는 것이 좋다.

<참고 III-3> 시계열적 결과 변환표 I

등급	기간별 해당 메뉴명					
	−3년 상반	−3년 하반	−2년 상반	−2년 하반	−1년 상반	−1년 하반
A						
B						
C						
D						
E						
F						
G						

<참고 III-4>   시계열적 결과 변환표 II

평가	메뉴명	기간/평가						특징
		−3년 상반	−3년 하반	−2년 상반	−2년 하반	−1년 상반	−1년 상반	
A								
B								
C								
D								
E								
F								
G								

- 장기 우수메뉴 : 현시점에서 정적 분석결과 종합법 B 이상으로 추이 변화 없음에 해당하는 메뉴
- 단기 우수메뉴 : 특정시기에 B 이상이었으면서 장기 우수가 아닌 메뉴
- 장기 열등메뉴 : 현시점에서 정적 분석결과 종합법 F 이하로 추이변화 없음에 해당하는 메뉴
- 단기 열등메뉴 : 특정시기에 F 이하였으면서 장기열등이 아닌 메뉴

2) 결과와 해석

정적 분석이든 동적 분석이든 그 하나의 분석결과만을 놓고 해석하여 의사결정을 내리는 것은 위험하다. 기업경영에 있어서 잘못된 의사결정이 몰고오는 손실이 매우 클 수 있기 때문이다. 따라서, 본 동적 분석결과를 해석하고 의사결정에 반영하는데 있어서도 마찬가지로 전체 메뉴엔지니어링의 일부로서 기능을 한다. 즉, 각 메뉴에 대해 의사결정을 내릴 때 변화의 경향성을 파악하고 앞으로 예측하는데 활용한다.

시계열 분석은 다음과 같은 점을 중시하여 반영한다.

① 시계열적 변화가 유의적으로 있다·없다를 판단한다.

- 판단 기준은 동일한 경향으로(좋아지거나, 나빠지거나)정적분석의 종합법 결과가 2단계 이상 변화했느냐로 한다.

- 같은 등급은 동일한 경향으로 인정한다.

- 즉, 갑식당을 시계열 분석을 한 결과 X란 메뉴가 종합법에서 $D \to D \to C \to B \to B \to B$로 나타났다면 상승하는 경향이 유지되면 2단계 변화했기 때문에 상승변화 경향이 있다고 판단한다.

② 시계열적 변화가 있을 경우.

- 상승 혹은 하강하는 경향이 있다고 판정되면 차기, 즉 내년에는 그 다음 단계로 변화할 가능성이 크다고 봐야한다.

- 따라서, 위의 예에서와 같이 $D \to D \to C \to B \to B \to B$의 경우 차기년도에는 A가 될 가능성이 크다고 봐야하며 해당 메뉴인 X도 A와 유사한 (A0 혹은 B+)대우를 해야한다.

3) 예제

고기 전문 식당 '대한성'의 3년간 메뉴별 판매실적은 다음과 같다. 이 실적을 이용하여 동적 분석을 하여보자(II장에서의 가격과 원가는 변하지 않음. 노동 요구량도 동일함).

	메뉴명	단가	원가	1월	2월	3월	4월	5월	6월	7월	8월	9월	10월	11월	12월
1년차	삼겹살	6,000	2,500	551	523	533	478	495	427	482	421	459	501	521	542
	돼지갈비	5,000	2,200	261	254	251	234	220	212	233	203	221	253	261	264
	목살	4,500	1,800	114	111	105	101	99	92	87	89	110	119	123	132
	불고기	7,000	3,000	113	107	119	97	91	88	86	81	85	102	114	118
	등심	12,000	6,000	183	187	190	173	171	165	161	162	163	180	187	189
	모듬구이	10,000	4,500	43	42	44	38	37	35	36	31	38	40	43	45
2년차	삼겹살	6,000	2,500	578	553	556	503	513	498	522	498	488	519	535	557
	돼지갈비	5,000	2,200	271	261	268	238	240	227	239	231	249	258	260	263
	목살	4,500	1,800	178	162	167	132	119	114	103	120	132	139	146	163
	불고기	7,000	3,000	128	122	120	113	106	101	98	95	105	110	113	119
	등심	12,000	6,000	178	173	181	163	158	142	138	145	159	168	171	179
	모듬구이	10,000	4,500	53	52	54	48	47	45	46	41	48	50	53	55
3년차	삼겹살	6,000	2,500	563	555	560	513	519	502	532	505	502	527	545	557
	돼지갈비	5,000	2,200	273	265	270	243	245	236	242	241	253	261	270	273
	목살	4,500	1,800	175	172	169	152	149	134	133	140	147	153	156	163
	불고기	7,000	3,000	148	142	140	133	126	131	129	123	125	140	143	149
	등심	12,000	6,000	183	175	171	168	163	152	148	158	163	175	181	184
	모듬구이	10,000	4,500	67	62	64	53	52	50	49	47	53	60	63	65

✗✗ 시계열별 변화추이

구분 / 메뉴명	-3년 상반			-3년 하반			-2년 상반			-2년 하반			-1년 상반			-1년 하반		
	I방법	II방법	종합	I방법	II방법	종합	I방법	II방법	종합	I방법	II방법	종합	I방법	II방법	종합	I방법	II방법	종합
삼겹살	PH	1	B	PH	1	B	PH	1	B	PH	1	B	PH	1	B	PH	1	B
돼지갈비	PH	3	D	PH	3	D	PH	3	D	PH	3	D	PH	3	D	PH	3	D
목살	PH	4	D	PH	4	D	Dog	4	F	Dog	4	F	Dog	4	F	Dog	4	F
불고기	Star	5	D	Star	5	D	PUZ	5	F	PUZ	5	F	PUZ	5	F	PUZ	5	F
등심	Star	2	B	Star	2	B	Star	2	B	Star	2	B	Star	2	B	Star	2	B
모듬구이	PUZ	6	F	PUZ	6	F	PUZ	6	F	PUZ	6	F	PUZ	6	F	PUZ	6	F

✗✗ 종합등급 구성메뉴의 변화 추이

등급	기간별 해당 메뉴명					
	-3년 상반기	-3년 하반기	-2년 상반기	-2년 하반기	-1년 상반기	-1년 하반기
A						
B	삼겹살, 등심	삼겹살, 등심	삼겹살, 등심	삼겹살, 등심	삼겹살, 등심	삼겹살, 등심
C						
D	목살, 불고기, 돼지갈비	목살, 불고기, 돼지갈비	돼지갈비	돼지갈비	돼지갈비	돼지갈비
E						
F	모듬구이	모듬구이	목살, 불고기, 모듬구이	목살, 불고기, 모듬구이	목살, 불고기, 모듬구이	목살, 불고기, 모듬구이
G						

** 시계열적 메뉴 변화 특징

평가	메뉴명	기간/ 평가						특징
		-3년 상반기	-3년 하반기	-2년 상반기	-2년 하반기	-1년 상반기	-1년 하반기	
장기우수메뉴	삼겹살	B	B	B	B	B	B	B 이상의 3개 기간 이상 연속 유지 일 때
	등심	B	B	B	B	B	B	
단기우수메뉴								B 이상의 2개 기간 이하 일 때
장기열등메뉴	모듬구이	F	F	F	F	F	F	F 이상의 3개 기간 이상 연속 유지 일 때
	불고기			F	F	F	F	
	목살			F	F	F	F	
단기열등메뉴								F 이상의 2개 기간 이하 일 때

4) 작성시트

✻✻ 단위 기간별 정적 분석 실적 집계 시트

메뉴명	가격	원가	노동 강도	-3년상반 판매량						-3년하반 판매량						-2년상반 판매량						-2년하반 판매량						-1년상반 판매량						-1년 하반 판매량					
				1	2	3	4	5	6	7	8	9	10	11	12	1	2	3	4	5	6	7	8	9	10	11	12	1	2	3	4	5	6	7	8	9	10	11	12

* 1.2.3 가격변화
V 1.2.3 원가변화
↓ 1.2.3 노동강도 변화

✲✲ 단위기간별 정적 분석 종합 시트

구분 / 메뉴명	-3년 상반			-3년 하반			-2년 상반			-2년 하반			-2년 상반			-1 하반			-1 상반		
	I방법	II방법	종합	I방법	II방법	종합	I방법	II방법	종합	I방법	II방법	종합	I방법	II방법	종합	I방법	II방법	종합	I방법	II방법	종합

✖✖ 시계열적 결과 변환표 Ⅰ

등급	기간별 해당 메뉴명					
	−3년 상반	−3년 하반	−2년 상반	−2년 하반	−1년 상반	−1년 하반
A						
B						
C						
D						
E						
F						
G						

❈ 시계열적 결과 변환표 II

평가	메뉴명	기간/평가						특징
		−3년 상반	−3년 하반	−2년 상반	−2년 하반	−1년 상반	−1년 상반	
장기우수								
단기우수								
장기열등								
단기열등								

3. 계절 특성 분석

1) 계절 특성 분석 과정

계절별 분석과정은 앞에서 다룬 시계열별 분석 과정과 크게 다르지 않다. 단지 차이점이라면, 시간의 흐름별로 매년을 6개월씩 둘로 나눠 분석했던 것을 각 계절에 해당되는 3개월씩을 묶어서(3년 동안의 월별 실적이 있다면 3개월×3년＝9개월/계절별) 분석한다는데 있다.

나머지 분석 과정상의 전제 조건 등은 동일하다.

(1) 실적집계

메뉴별 판매수량을 합산하여 해당란에 적어 넣는다.

<참고 III-5>　계절별 실적 집계표

구분 메뉴명	봄			여름			가을			겨울		
	-3년 3~5월	-2년 3~5월	-1년 3~5월	-3년 6~8월	-2년 6~8월	-1년 6~8월	-3년 9~11월	-2년 9~11월	-1년 9~11월	-3년 12~2월	-2년 12~2월	-1년 12~2월

(2) 계절별 정적 분석 및 종합

각 계절의 판매 실적에 따른 정적 분석법 3가지(4분면법, 순위법, 종합법)를 수행하고 그 결과를 메뉴별로 기재한다.

<참고 III-6>   각 메뉴의 계절별 변화추이

구분 / 메뉴명	봄			여름			가을			겨울		
	I방법	II방법	종합	I방법	II방법	종합	I방법	II방법	종합	I방법	II방법	종합

(3) 해석을 위한 계절별 분석자료 변환

<참고 III-7>   계절 특성 변환 표 I

등급	계절적 해당 메뉴별			
	봄	여름	가을	겨울
A				
B				
C				
D				
E				
F				
G				

<참고 III-8> 계절 특성 변환 표 II

평가	메뉴명	계절 / 평가				특징
		봄	여름	가을	겨울	
연중 우수메뉴						
계절 우수메뉴						
연중 열등메뉴						
계절 열등메뉴						

· 연중 우수메뉴 : 현시점 정적 분석결과 종합법 B 이상으로 계절성이
　　　　　　　　 없는 메뉴
· 계절 우수메뉴 : 하나 이상의 계절에 B 이상 등급이 있으면서 연중
　　　　　　　　 우수메뉴가 아닌 메뉴
· 연중 열등메뉴 : 현시점 정적 분석결과 종합법 F 등급 이하로 계절성
　　　　　　　　 이 없는 메뉴
· 계절 열등메뉴 : 하나 이상의 계절에 F 이하 등급이 있으면서 연중
　　　　　　　　 열등이 아닌 경우

2) 결과와 해석

계절별 분석 결과를 해석할 때 의미를 부여할 것은 한 가지 뿐이다.
즉, 특정 한·두 계절의 판매실적이 다른 계절에 비해 높거나 낮은 경
향을 보이는가 하는 점이다. 일반적으로 극히 이례적인 경우를 제외하
는 현재의 정적 분석 종합법의 결과가 A, B이거나 F, G인 경우 계절성
을 보이지 않는다. 여기에서 말하는 '계절성'이란 특정계절의 종합법 결
과가 다른 계절의 결과에 비해 2등급 이상 차이가 나는 경우를 말한다.
그렇다면 계절분석 결과 각 메뉴는 다음 중 하나에 속할 것이다. 그리고
그 결과에 대한 대책도 살펴보도록 하자.

<참고 III-9> **계절별 분석 결과의 해석**

현시점 정적분석 종합법 결과	계절성	특징	대처방안	비고
A, B, C	없음	우수메뉴	정적분석 결과를 따름	
	특정계절 안 좋음	우수메뉴이긴 하나 특정계절에만 소비가 되지 않는 특이메뉴	맛, 제공방법, 주재로 등에 변화를 주어서 연중 우수 메뉴화 한다.	드문 경우
	특정계절 좋음	거의 발생되지 않음	-	-
D, E	없음	-	정적분석 결과를 따름	-
	특정계절 안 좋음	평균이상 수준의 메뉴인데 특정계절 부진의 영향으로 수준저하	안 좋은 계절에는 메뉴에서 배제	
	특정계절 좋음	평균정도의 메뉴로서 특정계절에만 우수한 실적을 보인다.	좋은 계절에만 특선메뉴로 판매	
F, G	없음	-	정적분석 결과를 따름	
	특정계절 안 좋음	거의 발생되지 않음	-	-
	특정계절 좋음	평균이하 수준의 메뉴인데 특정 계절에만 평균이상 실적	약간의 조정을 통해 좋은 계절의 특선메뉴로 유지	

3) 예제

✵ 계절별 변화추이

구분 메뉴명	봄			여름			가을			겨울		
	I방법	II방법	종합	I방법	II방법	종합	I방법	II방법	종합	I방법	II방법	종합
삼겹살	PH	1	B	PH	1	B	PH	1	B	PH	1	B
돼지갈비	PH	3	D	PH	3	D	PH	3	D	PH	3	D
목살	Dog	4	F	Dog	4	D	PH	4	D	PH	4	D
불고기	PUZ	5	F	PUZ	5	F	Star	5	D	Star	5	D
등심	Star	2	B	Star	2	B	Star	2	B	Star	2	B
모듬구이	PUZ	6	F	PUZ	6	F	PUZ	6	F	PUZ	6	F

✵ 계절별 종합등급 구성메뉴의 변화추이

등급	계절별 해당 메뉴명			
	봄	여름	가을	겨울
A				
B	삼겹살, 등심	삼겹살, 등심	삼겹살, 등심	삼겹살, 등심
C				
D	돼지갈비	돼지갈비, 목살	돼지갈비, 목살, 불고기	목살, 불고기, 돼지갈비
E				
F	목살, 불고기, 모듬구이	불고기, 모듬구이	모듬구이	모듬구이
G				

✱✱ 계절별 메뉴변화 특징

평가	메뉴명	기간/ 평가특징				특징
		봄	여름	가을	겨울	
연중우수메뉴	삼겹살	B	B	B	B	
	등심	B	B	B	B	
계절우수메뉴						
연중열등메뉴	모듬구이	F	F	F	F	
계절열등메뉴	불고기	F	F			

4) 작성 시트

※※ 계절별 실적 집계표

구분 메뉴명	봄			여름			가을			겨울		
	-3년 3~5월	-2년 3~5월	-1년 3~5월	-3년 6~8월	-2년 6~8월	-1년 6~8월	-3년 9~11월	-2년 9~11월	-1년 9~11월	-3년 12~2월	-2년 12~2월	-1년 12~2월

✳✳ 계절별 정적 분석 종합 기록 시트

구분 메뉴명	봄			여름			가을			겨울		
	I방법	II방법	종합	I방법	II방법	종합	I방법	II방법	종합	I방법	II방법	종합

☆☆ 계절 특성 변환표 I

등급	계절별 해당 메뉴명			
	봄	여름	가을	겨울
A				
B				
C				
D				
E				
F				
G				

☆☆ 계절 특성 변환표 II

평 가	메뉴명	계절 / 평가				특 징
		봄	여름	가을	겨울	
연중 우수메뉴						
계절 우수메뉴						
연중 열등메뉴						
계절 열등메뉴						

4. 의사결정 과정에의 반영

시계열적 분석과 계절별 분석이 이뤄지고 그 결과가 도출되면 이 두 가지를 함께 정리할 필요가 있다. 이는 동적 분석을 시행하는 이유가 정적 분석 결과를 보완하고자 하는데 있기 때문이다. 동적 분석의 결과는 모든 메뉴의 의사결정에 의미가 있지 않고 해당되는 메뉴에만 의사결정에 영향을 미치기 때문이기도 하다.

즉, 시계열적으로 변화추이를 보이고 있는 메뉴거나, 계절성을 지닌 메뉴만이 동적 분석 결과를 의사결정 과정에 반영할 필요가 있다는 것이다. 그 첫 단계로 다음의 집계표를 완성한다. <참고 III-9> 그리고 나서 각 메뉴별로 시계열적, 계절별 특성이 있는가를 파악하여 1차 정리된 <참고 III-10>의 표를 작성한다.

<참고 III-10> 시계열적 분석과 계절적 분석 시트

구분	메뉴명	평가결과								
		4분면	순위	종합	-3년상반	-3년하반	-2년상반	-2년하반	-1년상반	-1년하반
시계열특징 상승메뉴										
열화메뉴										

구분	메뉴명	4분면	순위	종합	봄	여름	가을	겨울
계절성메뉴 특정우수								
특정취약								

<참고 III-11> 추이분석 및 계절 종합시트

메뉴명	-3년 상반			-3년 하반			-2년 상반			-2년 하반			-1년 상반			-1년 하반			봄			여름			가을			겨울		
	4분	순위	종합	4분	순위	종합	4분	순위	종합	4분	순위	종합	4분	순위	종합	4분	순위	종합	4분	순위	종합	4분	순위	종합	4분	순위	종합	4분	순위	종합

계량적 분석결과를 전체적으로 한 눈에 볼 수 있도록 정리하여 최종 의사결정이 가능하도록 할 필요가 있다. 다음의 <참고 III-12>은 정적, 동적 분석 결과 및 해석 방향에 대한 것이다. 여기까지가 정적 분석과 동적 분석을 합친 분석과정이며 그 해석방법이다.

<참고 III-12> 정적 분석과 동적 분석 종합시트

메뉴명	판매가/원가	정적분석(-1년)				동적분석		최종판정
		판매수량	4분면법	순위법	종합법	시계열추이	계절성	

3) 예제를 통한 정량적 분석 종합 이해

앞에서 예제를 다룬 '대한정'의 Data를 바탕으로 계량적 분석 결과를 종합적으로 나타내보자. 먼저 하나의 표에 시계열적 추이와 계절성 분석 결과를 나타냈다<참고 III-13>.

<참고 III-13> 시계열적 추이와 계절성 분석 결과

메뉴명	-3년 상반			-3년 하반			-2년 상반			-2년 하반			-1년 상반			-1년 하반			봄			여름			가을			겨울		
	4분	순위	종합	4분	순위	종합	4분	순위	종합	4분	순위	종합	4분	순위	종합	4분	순위	종합	4분	순위	종합	4분	순위	종합	4분	순위	종합	4분	순위	종합
삼겹살	PH	1	B	PH	1	B	PH	1	B	PH	1	B	PH	1	B	PH	1	B	PH	1	B	PH	1	B	PH	1	B	PH	1	B
돼지갈비	PH	3	D	PH	3	D	PH	3	D	PH	3	D	PH	3	D	PH	3	D	PH	3	D	PH	3	D	PH	3	D	PH	3	D
목살	PH	4	D	PH	4	D	Dog	4	F	Dog	4	F	Dog	4	F	Dog	4	F	Dog	4	F	Dog	4	D	PH	4	D	PH	4	D
불고기	Star	5	D	Star	5	D	PUZ	5	F	PUZ	5	F	PUZ	5	F	PUZ	5	F	PUZ	5	F	PUZ	5	F	Star	5	D	Star	5	D
등심	Star	2	B	Star	2	B	Star	2	B	Star	2	B	Star	2	B	Star	2	B	Star	2	B	Star	2	B	Star	2	B	Star	2	B
모둠구이	PUZ	6	F	PUZ	6	F	PUZ	6	F	PUZ	6	F	PUZ	6	F	PUZ	6	F	PUZ	6	F	PUZ	6	F	PUZ	6	F	PUZ	6	F

<참고 III-14>   시계열적 분석과 계절적 분석 시트

구분		메뉴명	평가결과								
			4분면	순위	종합	-3년상반	-3년하반	-2년상반	-2년하반	-1년싱반	-1년히반
시계열특징	상승메뉴										
	열화메뉴	목살	Dog	2	E	D	D	F	F	F	F
		불고기	Dog	5	G	D	D	F	F	F	F
구분		메뉴명	4분면	순위	종합	봄		여름		가을	겨울
계절성메뉴	특정우수	불고기	Dog	5	G	F		F		D	D
	특정취약	목살	Dog	2	E	F		D		D	D

<참고 III-15>   정적 분석과 동적 분석 종합 시트

메뉴명	판매가/원가	정적분석(-1년)				동적분석		최종판정
		판매수량	4분면법	순위법	종합법	시계열추이	계절성	
삼겹살	6,000/2,500	6,000	PH	1	B	-	-	유지
돼지갈비	7,000/3,000	3,000	PH	4	D	-	-	조정
목살	5,000/2,200	1,000	Dog	2	E	↓	봄↓	고려
불고기	12,000/6,000	600	Dog	5	G	↓	가을, 겨울↑	겨울특화
등심	4,500/1,800	2,000	Star	2	B	-		유지
모듬구이	10,000/4,500	400	PUZ	6	F	-		탈락

4) 작업시트

✲✲ 추이분석 및 계절 종합 시트

메뉴명	-3년 상반			-3년 하반			-2년 상반			-2년 하반			-1년 상반			-1년 하반			봄			여름			가을			겨울		
	4분	순위	종합	4분	순위	종합	4분	순위	종합	4분	순위	종합	4분	순위	종합	4분	순위	종합	4분	순위	종합	4분	순위	종합	4분	순위	종합	4분	순위	종합

✲✲ 시계열적 분석과 계절적 분석 시트

구분		메뉴명	평가결과								
			4분면	순위	종합	-3년 상반	-3년 하반	-2년 상반	-2년 하반	-1년 상반	-1년 하반
시계열 특징	상승 메뉴										
	열화 메뉴										

구분		메뉴명	4분면	순위	종합	봄	여름	가을	겨울
계절성 메뉴	특정 우수								
	특정 취약								

✷✷ 정성적 분석과 동적 분석 종합 시트

메뉴명	판매가/원가	정적분석(-1년)				동적분석		최종판정
		판매수량	4분면법	순위법	종합법	시계열추이	계절성	

5. 사례연구 및 모의문제

1) 사례 연구

ABC Steak House의 3년 동안의 판매 실적이다. 이 자료들을 이용하여 동적 분석(시계열, 계절 및 종합분석)을 한다.(노동요구: "축 텐더 샐러드= 20", "브리즈번 샐러드=25", "록 햄프턴 립아이=40", "프라임미니 스터스 프라임 립=55" "캔버라 참 스테이크 = 45", "립스 온더 바비=60", "드로버스 플래터=60", "카카두 갈비 스테이크=50" "엘리스 스피링 치킨=50", "아델레이드 라이스=80", "빕 앤 터커 파스타=60", "블루밍 어니언=30", "쿠카부라 윙=40" "그릴드 쉬림프 온더 바비=60", "레인지 랜드 립래츠=40")

✱✱ 2001년 판매실적

메뉴명	원가	판매가격	1월	2월	3월	4월	5월	6월	7월	8월	9월	10월	11월	12월
축 텐더 샐러드	3.900	13.200	93	92	90	89	89	90	91	93	94	95	96	98
브리즈번 샐러드	5.300	13.700	88	87	86	82	84	85	88	90	91	92	93	94
룩 햄프턴 샐러드	7.700	20.900	79	78	77	74	76	77	79	80	81	81	83	83
프라임미니 스터스 프라임 립	8.100	21.500	76	75	74	71	71	72	73	74	76	78	78	81
캔버라 참 스테이크	4.200	16.000	43	41	42	40	39	40	40	42	43	44	46	47
립스 온더 바비	5.300	19.900	79	78	78	76	74	75	77	79	80	81	83	84
드로버스 플래터	4.800	18.900	68	67	66	64	63	61	64	66	67	68	70	72
카카두 갈비 스테이크	5.500	16.900	73	72	70	71	69	68	68	71	73	74	76	78
엘리스 스피링 치킨	4.700	13.500	58	57	56	55	55	53	55	57	58	59	60	62
아델레이드 라이스	5.100	13.500	23	22	20	19	19	18	20	21	23	24	25	27
빕 앤 터커 파스타	5.100	13.500	44	42	42	41	40	42	44	45	46	48	48	49
블루밍 어니언	2.100	6.500	16	15	13	13	12	12	14	15	15	17	19	20
쿠타부라 윙	3.100	8.500	22	20	19	18	17	16	18	21	22	24	26	27
글릴드 쉬림프 온더 바비	4.500	12.900	91	90	89	86	84	83	85	86	90	92	95	96
레인지 랜드 립래츠	3.300	8.600	82	80	81	79	78	79	80	81	84	85	88	90

✖✖ 2002년 판매실적

메뉴명	원가	판매가격	1월	2월	3월	4월	5월	6월	7월	8월	9월	10월	11월	12월
축 텐더 샐러드	3,900	13,200	104	102	103	105	101	100	102	105	106	109	111	115
브리즈번 샐러드	5,300	13,700	93	91	90	89	91	90	92	94	95	98	98	99
룩 햄프턴 샐러드	7,700	20,900	83	82	80	80	79	81	82	84	85	87	88	90
프라임미니 스터스 프라임 립	8,100	21,500	80	78	77	75	76	74	77	80	82	84	86	90
캔버라 찹 스테이크	4,200	16,000	45	44	45	46	42	40	41	43	46	48	50	52
립스 온더 바비	5,300	19,900	81	80	78	79	76	79	81	84	85	85	88	92
드로버스 플래터	4,800	18,900	71	70	68	68	67	69	70	71	72	74	76	77
카카두 갈비 스테이크	5,500	16,900	75	76	73	71	72	71	73	75	76	77	79	82
엘리스 스피링 치킨	4,700	13,500	58	56	55	53	57	56	58	59	60	62	63	66
아델레이드 라이스	5,100	13,500	25	23	24	23	22	21	20	22	23	26	28	30
빕 앤 터커 파스타	5,100	13,500	46	45	44	41	42	42	44	45	48	50	51	52
블루밍 어니언	2,100	6,500	17	15	15	14	13	13	15	16	18	19	19	21
쿠타부라 윙	3,100	8,500	24	23	22	22	23	25	26	28	29	29	30	31
글릴드 쉬림프 온더 바비	4,500	12,900	93	90	91	92	93	93	94	95	96	96	96	98
레인지 랜드 립래츠	3,300	8,600	84	83	82	86	83	83	85	88	90	91	92	93

✵✵ 2003년 판매실적

메뉴명	원가	판매가격	1월	2월	3월	4월	5월	6월	7월	8월	9월	10월	11월	12월
축 텐더 샐러드	3,900	13,200	108	110	105	103	104	107	110	113	114	111	118	120
브리즈번 샐러드	5,300	13,700	94	96	95	92	89	88	90	91	93	94	96	99
룩 햄프턴 샐러드	7,700	20,900	86	86	87	85	82	80	82	83	85	88	92	95
프라임미니 스터스 프라임 립	8,100	21,500	81	82	80	77	78	77	79	80	82	83	86	88
캔버라 찹 스테이크	4,200	16,000	52	53	55	51	52	49	51	53	56	58	58	60
립스 온더 바비	5,300	19,900	82	80	81	79	78	76	75	77	78	82	85	88
드로버스 플래터	4,800	18,900	72	73	71	70	70	68	71	72	73	75	77	80
카카두 갈비 스테이크	5,500	16,900	75	74	76	73	72	70	68	71	73	75	79	82
엘리스 스피링 치킨	4,700	13,500	60	58	57	55	54	52	55	58	61	62	64	68
아델레이드 라이스	5,100	13,500	26	25	24	22	21	22	23	24	26	28	30	31
빕 앤 터커 파스타	5,100	13,500	49	48	46	45	44	44	46	48	49	50	52	53
블루밍 어니언	2,100	6,500	17	16	15	14	13	13	15	16	17	18	19	20
쿠타부라 웡	3,100	8,500	26	25	24	23	22	24	25	26	28	29	31	33
글릴드 쉬림프 온더 바비	4,500	12,900	95	94	93	92	91	90	91	93	95	96	98	99
레인지 랜드 립래츠	3,300	8,600	85	83	80	79	78	78	80	81	83	84	86	90

✹✹ 정량분석 종합 시트 사례연구

● 시계열별 변화추이

구분 / 메뉴명	-3년 상반			-3년 하반			-2년 상반			-2년 하반			-1년 상반			-1년 하반		
	I방법	II방법	종합	I방법	II방법	종합	I방법	II방법	종합	I방법	II방법	종합	I방법	II방법	종합	I방법	II방법	종합
축 텐더 샐러드	PH	1	B	PH	1	B	PH	1	B	PH	1	B	PH	2	B	PH	1	B
브리즈번 샐러드	PH	6	C	PH	5	C	PH	6	C	PH	8	C	PH	8	D	PH	7	C
룩 햄스턴 샐러드	Star	3	B	Star	2	A	Star	3	B	Star	2	A	Star	1	A	Star	4	B
프라임미니 스터스 프라임 립	Star	4	B	Star	5	B	Star	4	B	Star	7	B	Star	6	B	Star	4	B
캔버라 찹 스테이크	Star	9	C	Star	8	C	PUZ	8	E	PUZ	9	E	PUZ	9	E	PUZ	9	E
립스 온더 바비	Star	2	A	Star	3	B	Star	2	A	Star	3	B	Star	3	B	Star	2	A
드로버스 플래터	Star	5	B	Star	4	B	Star	5	B	Star	4	B	Star	4	B	Star	3	B
카카두 갈비 스테이크	Star	8	C	Star	7	B	Star	7	B	Star	6	B	Star	5	B	Star	6	B
엘리스 스피링 치킨	PH	11	D	PH	10	D	PH	10	D	PH	11	D	PH	10	D	PH	10	D
아델레이드 라이스	Dog	15	G	Dog	15	G	Dog	15	G	Dog	15	G	Dog	15	G	Dog	15	G
빕 앤 터커 파스타	PH	14	E	PH	14	E	PH	14	E	PH	14	E	PH	14	E	Dog	14	G
블루밍 어니언	Dog	12	G	Dog	12	G	Dog	12	G	Dog	12	G	Dog	12	G	Dog	12	G
쿠타부라 윙	Dog	13	G	Dog	13	G	Dog	13	G	Dog	13	G	Dog	13	G	Dog	13	G
글릴드 쉬림프 온더 바비	PH	7	C	PH	8	D	PH	9	D	PH	5	C	PH	6	C	PH	8	D
레인지 랜드 립레츠	PH	10	D	PH	11	D	PH	11	D	PH	10	D	PH	10	D	PH	10	D

● 종합등급 구성메뉴의 변화 추이

등급	기간별 해당 메뉴명					
	-3년 상반기	-3년 하반기	-2년 상반기	-2년 하반기	-1년 상반기	-1년 하반기
A	립스 온더 바비룩	룩 햄프턴 샐러드	립스 온더 바비	룩 햄프턴 샐러드	룩 햄프턴 샐러드	립스 온더 바비
B	축 텐더 샐러드, 룩 햄프턴 샐러드, 프라임미니 스터스 프라임 립, 드로버스 플래터	축 텐더 샐러드, 프라임미니 스터스 프라임 립, 립스 온더 바비, 드로버스 플래터, 카카두 갈비 스테이크	축 텐더 샐러드, 룩 햄프턴 샐러드, 프라임미니 스터스 프라임 립, 드로버스 플래터, 카카두 갈비 스테이크	축 텐더 샐러드, 프라임미니 스터스 프라임 립, 립스 온더 바비, 드로버스 플래터, 카카두 갈비 스테이크	축 텐더 샐러드, 프라임미니 스터스 프라임 립, 립스 온더 바비, 드로버스 플래터, 카카두 갈비 스테이크	축 텐더 샐러드, 룩 햄프턴 샐러드, 프라임미니 스터스 프라임 립, 드로버스 플래터, 카카두 갈비 스테이크
C	브리즈번 샐러드, 캔버라 찹 스테이크,카카두 갈비 스테이크, 글릴드 쉬림프 온더 바비, 엘리스 스피링 치킨, 레인지 랜드 립래츠	브리즈번 샐러드, 캔버라 찹 스테이크	브리즈번 샐러드	브리즈번 샐러드, 글릴드 쉬림프 온더 바비	글릴드 쉬림프 온더 바비.	브리즈번 샐러드
D		엘리스 스피링 치킨, 글릴드 쉬림프 온더 바비, 레인지 랜드 립래츠	엘리스 스피링 치킨, 글릴드 쉬림프 온더 바비, 레인지 랜드 립래츠	렐리스 스피링 치킨, 레인지 랜드 립래츠	브리즈번 샐러드, 엘리스 스피링 치킨, 레인지 랜드 립래츠	엘리스 스피링 치킨, 글릴드 쉬림프 온더 바비, 레인지 랜드 립래츠
E	빕 앤 터커 파스타	빕 앤 터커 파스타	캔버라 찹 스테이크, 빕 앤 터커 파스타	캔버라 찹 스테이크, 빕 앤 터커 파스타	캔버라 찹 스테이크, 빕 앤 터커 파스타	캔버라 찹 스테이크
F						
G	아델레이드 라이스, 블루밍 어니언, 쿠타부라 윙	아델레이드 라이스, 블루밍 어니언, 쿠타부라 윙	아델레이드 라이스, 블루밍 어니언, 쿠타부라 윙	아델레이드 라이스, 블루밍 어니언, 쿠타부라 윙	아델리이드 라이스, 블루밍 어니언, 쿠타부라 윙	아델레이드 라이스, 빕 앤 터커 파스타, 블루밍 어니언, 쿠타부라 윙

● 시계열별 메뉴 변화 특징

평가	메뉴명	기간/ 평가						특징
		-3년 상반기	-3년 하반기	-2년 상반기	-2년 하반기	-1년 상반기	-1년 하반기	
장기우수메뉴	룩 햄프턴 샐러드	B	A	B	A	A	B	B 이상의 3개 기간이상 연속 유지 일 때
	축텐더 샐러드	B	B	B	B	B	B	
	프라임미니 스터스 프라임 립	B	B	B	B	B	B	
	립스 언더 바비	A	B	A	B	B	A	
	드로버스 플래터	B	B	B	B	B	B	
	카카두 갈비 스테이크	B	B	B	B	B	B	
단기우수메뉴								B 이상의 2개 기간이하 일 때
장기열등메뉴	빕 앤 터커 파스타						G	F 이상의 3개 기간이상 연속 유지 일 때
단기열등메뉴	아델리이드 라이스	G	G	G	G	G	G	F 이상의 2개 기간이하 일 때
	블루밍 어니언	G	G	G	G	G	G	
	쿠타부라 윙	G	G	G	G	G	G	

● 계열별 메뉴 변화추이

구분 메뉴명	봄			여름			가을			겨울		
	I방법	II방법	종합	I방법	II방법	종합	I방법	II방법	종합	I방법	II방법	종합
축 텐더 샐러드	PH	1	B	PH	1	B	PH	1	B	PH	1	B
브리즈번 샐러드	PH	6	C	PH	7	C	PH	7	C	PH	6	C
룩 햄스턴 샐러드	Star	2	A	Star	2	A	Star	2	A	Star	2	A
프라임미니 스터스 프라임 립	Star	5	B	Star	5	B	Star	5	B	Star	5	B
캔버라 찹 스테이크	Star	9	C	Star	9	C	Star	9	C	Star	9	C
립스 온더 바비	Star	3	B	Star	3	B	Star	3	B	Star	3	B
드로버스 플래터	Star	4	B	Star	4	B	Star	4	B	Star	4	B
카카두 갈비 스테이크	Star	7	B	Star	6	B	Star	6	B	Star	7	B
엘리스 스피링 치킨	PH	10	D	PH	10	D	PH	10	D	PH	10	D
아델레이드 라이스	Dog	15	G	Dog	15	G	Dog	15	G	Dog	15	G
빕 앤 터커 파스타	PH	14	E	PH	14	E	PH	14	E	PH	14	E
블루밍 어니언	Dog	12	G	Dog	12	G	Dog	12	G	Dog	12	G
쿠타부라 윙	Dog	13	G	Dog	13	G	Dog	13	G	Dog	13	G
글릴드 쉬림프 온더 바비	PH	8	D	PH	8	D	PH	8	D	PH	8	D
레인지 랜드 립래츠	PH	10	D	PH	11	D	PH	11	D	PH	10	D

• 계절별 종합등급 구성 메뉴의 변화추이

등급	계절별 해당 메뉴명			
	봄	여름	가을	겨울
A	룩 햄프턴 샐러드	룩 햄프턴 샐러드	룩 햄프턴 샐러드	룩 햄프턴 샐러드
B	축 텐더 샐러드, 프라임미니 스터스 프라임 립, 립스 온더 바비, 드로버스 플래터, 카카두 갈비 스테이크	축 텐더 샐러드, 프라임미니 스터스 프라임 립, 립스 온더 바비, 드로버스 플래터, 카카두 갈비 스테이크	축 텐더 샐러드, 프라임미니 스터스 프라임 립, 립스 온더 바비, 드로버스 플래터, 카카두 갈비 스테이크	축 텐더 샐러드, 프라임미니 스터스 프라임 립, 립스 온더 바비, 드로버스 플래터, 카카두 갈비 스테이크
C	브리즈번 샐러드, 캔버라 참 스테이크	브리즈번 샐러드, 캔버라 참 스테이크	브리즈번 샐러드, 캔버라 참 스테이크	브리즈번 샐러드, 캔버라 참 스테이크
D	엘리스 스피링 치킨, 글릴드 쉬림프 온더 바비, 레인지 랜드 립래츠	엘리스 스피링 치킨, 글릴드 쉬림프 온더 바비, 레인지 랜드 립래츠	엘리스 스피링 치킨, 글릴드 쉬림프 온더 바비, 레인지 랜드 립래츠	엘리스 스피링 치킨, 글릴드 쉬림프 온더 바비, 레인지 랜드 립래츠
E	빕 앤 터커 파스타	빕 앤 터커 파스타	빕 앤 터커 파스타	빕 앤 터커 파스타
F				
G	아델레이드 라이스, 블루밍 어니언, 쿠타부라 윙	아델레이드 라이스, 블루밍 어니언, 쿠타부라 윙	아델레이드 라이스, 블루밍 어니언, 쿠타부라 윙	아델레이드 라이스, 블루밍 어니언, 쿠타부라 윙

● 계절별 메뉴의 메뉴변화 특징

평가	메뉴명	기간/ 평가특징				특징
		봄	여름	가을	겨울	
연중우수메뉴	룩 햄프턴 샐러드	A	A	A	A	B 이상의 3개 기간이상 연속 유지 일 때
	축 텐더 샐러드	B	B	B	B	
	프라임 미니 스터스 프라임 립	B	B	B	B	
	립스 온더 바비	B	B	B	B	
	드러버스 플래터	B	B	B	B	
	카카두 갈비 스테이크	B	B	B	B	
계절우수메뉴						B 이상의 2개 기간이하 일 때
연중열등메뉴						F 이상의 3개 기간이상 연속 유지 일 때
계절열등메뉴	아델레이드 라이스	G	G	G	G	F 이상의 2개 기간이하 일 때
	블루밍 어니언	G	G	G	G	
	쿠타부라 윙	G	G	G	G	

● 추이 분석 및 계절 종합 시트

메뉴명	-3년 상반			-3년 하반			-2년 상반			-2년 하반			-1년 상반			-1년 하반			봄			여름			가을			겨울		
	I방법	II방법	종합	I방법	II방법	종합	I방법	II방법	종합	I방법	II방법	종합	I방법	II방법	종합	I방법	II방법	종합	4분	순위	종합	4분	순위	종합	4분	순위	종합	4분	순위	종합
축 텐더 샐러드	PH	1	B	PH	1	B	PH	1	B	PH	1	B	PH	2	B	PH	1	B	PH	1	B	PH	1	B	PH	1	B	PH	1	B
브리즈번 샐러드	PH	6	C	PH	5	C	PH	6	C	PH	8	C	PH	8	D	PH	7	C	PH	6	C	PH	7	C	PH	7	C	PH	6	C
룩 햄스턴 샐러드	Star	3	B	Star	2	A	Star	3	B	Star	2	A	Star	1	A	Star	4	B	Star	2	A	Star	2	A	Star	2	A	Star	2	A
프라임미니 스터스 프라임 립	Star	4	B	Star	5	B	Star	4	B	Star	7	B	Star	6	B	Star	4	B	Star	5	B	Star	5	B	Star	5	B	Star	5	B
캔버라 찹 스테이크	Star	9	C	Star	8	C	PUZ	8	E	PUZ	9	E	PUZ	9	E	PUZ	9	E	Star	9	C	Star	9	C	Star	9	C	Star	9	C
립스 온더 바비	Star	2	A	Star	3	B	Star	2	A	Star	3	B	Star	3	B	Star	2	A	Star	3	B	Star	3	B	Star	3	B	Star	3	B
드로버스 플래터	Star	5	B	Star	4	B	Star	5	B	Star	4	B	Star	4	B	Star	3	B	Star	4	B	Star	4	B	Star	4	B	Star	4	B
카카두 갈비 스테이크	Star	8	C	Star	7	B	Star	7	B	Star	6	B	Star	5	B	Star	6	B	Star	7	B	Star	6	B	Star	6	B	Star	7	B
엘리스 스프링 치킨	PH	11	D	PH	10	D	PH	10	D	PH	11	D	PH	10	D	PH	10	D	PH	10	D	PH	10	D	PH	10	D	PH	10	D
아델레이드 라이스	Dog	15	G	Dog	15	G	Dog	15	G	Dog	15	G	Dog	15	G	Dog	15	G	Dog	15	G	Dog	15	G	Dog	15	G	Dog	15	G
빕 앤 터커 파스타	PH	14	E	PH	14	E	PH	14	E	PH	14	E	PH	14	E	Dog	14	G	PH	14	E	PH	14	E	PH	14	E	PH	14	E
블루밍 어니언	Dog	12	G	Dog	12	G	Dog	12	G	Dog	12	G	Dog	12	G	Dog	12	G	Dog	12	G	Dog	12	G	Dog	12	G	Dog	12	G
쿠타부라 웽	Dog	13	G	Dog	13	G	Dog	13	G	Dog	13	G	Dog	13	G	Dog	13	G	Dog	13	G	Dog	13	G	Dog	13	G	Dog	13	G
글릴드 쉬림프 온더 바비	PH	7	C	PH	8	D	PH	9	D	PH	5	C	PH	6	C	PH	8	D	PH	8	D	PH	8	D	PH	8	D	PH	8	D
레인지 랜드 립래츠	PH	10	D	PH	11	D	PH	11	D	PH	10	D	PH	10	D	PH	10	D	PH	10	D	PH	11	D	PH	11	D	PH	10	D

<참고 III-10> 시계열적 분석과 계절적 분석 시트

구분		메뉴명	평가결과								
			4분면	순위	종합	-3년싱반	-3년하반	2년상반	-2년하반	-1년상반	-1년하반
시계열특징	상승메뉴				- 해당 사항 없음 -						
	열화메뉴										
계절성메뉴	구분	메뉴명	4분면	순위	종합	봄		여름		가을	겨울
	특정우수				- 해당 사항 없음 -						
	특정취약										

<참고 III-12> 정적 분석과 동적 분석 종합 시트

메뉴명	판매가/원가	정적분석(-1년)				동적분석		최종판정
		판매수량	4분면법	순위법	종합법	시계열추이	계절성	
축 텐더	13,200/3,900	1,323	PH	2	B			
브리즈번	13,700/5,300	1,117	PH	8	D			
록 햄스턴	20,900/7,700	1,031	Star	1	A			
프라임미니	21,500/8,100	973	Star	6	B			
캔버라 참	16,000/4,200	648	PUZ	9	E			
립스 온더	19,900/5,300	961	Star	3	B			
드로버스	18,900/4,800	872	Star	4	B			
카카두	16,900/5,500	888	Star	5	B	-	-	
엘리스	13,500/4,700	704	PH	10	D			
아델레이드	13,500/51,00	302	Dog	15	G			
빕 앤 터커	13,500/5,100	574	PH	14	E			
블루밍	6,500/2,100	193	Dog	12	G			
쿠타부라	8,500/3,100	316	Dog	13	G			
글릴드	12,900/4,500	1,127	PH	6	C			
레인지	8,600/3,300	987	PH	10	D			

2) 모의문제

모의문제 1

"그들만의 요리"라는 레스토랑의 가격과 원가와 3년간의 판매량이다. 이 자료를 이용하여 동적 분석(시계열, 계절 및 종합분석)을 한다. (노동요구 : "돈까스=10", "생선까스=20", "피자비후까스=30", "해물볶음밥=80", "오므라이스=65", "멕시코볶음밥=60", "찹스테이크=100", "불고기버거 스테이크=40", "미트소스 스파게티=55", "포모도로 스파케티=50)"

메뉴명	가격	원가	2001년											
			1월	2월	3월	4월	5월	6월	7월	8월	9월	10월	11월	12월
돈까스	3,000	1,200	9,547	7,454	9,545	8,451	8,541	7,415	8,541	7,451	8,452	7,415	8,541	7,415
생선까스	3,800	1,400	3,255	3,214	4,515	3,251	4,125	4,951	4,852	3,256	4,128	4,951	4,852	3,256
피자비후까스	5,500	2,200	3,456	3,621	3,587	2,541	3,654	2,951	3,852	2,546	3,694	2,951	3,852	2,546
해물볶음밥	3,700	1,400	6,522	6,854	7,415	6,254	7,543	6,544	7,541	6,258	7,451	6,544	7,541	6,258
오므라이스	3,500	1,300	4,951	4,852	4,184	4,,857	4,658	4,255	3,255	3,214	4,951	4,255	3,255	3,214
멕시코볶음밥	3,900	1,400	4,255	3,255	3,214	4,951	4,852	3,256	4,184	4,857	4,125	3,256	4,184	4,857
찹스테이크	6,000	2,400	2,451	3,654	2,487	2,548	3,589	2,541	3,564	3,256	2,456	2,541	3,564	3,256
불고기버거 스테이크	5,600	2,300	3,256	2,456	3,562	2,456	3,562	2,548	3,589	2,541	3,564	2,548	3,589	2,541
미트소스 스파게티	4,000	1,600	2,451	3,654	2,654	3,525	2,548	3,589	2,541	3,564	2,451	3,589	2,541	3,564
포모도로 스파게티	4,000	1,600	2,541	2,541	3,564	4,216	2,548	3,589	2,541	3,564	3,256	3,589	2,541	3,564

메뉴명	가격	원가	2002년											
			1월	2월	3월	4월	5월	6월	7월	8월	9월	10월	11월	12월
돈까스	3,000	1,200	7,415	8,541	7,451	8,452	9,546	8,451	8,456	9,541	9,254	7,546	8,452	9,454
생선까스	3,800	1,400	4,951	4,852	3,256	4,128	4,325	4,251	4,175	3,215	3,654	4,587	3,652	4,587
피자비후까스	5,500	2,200	2,951	3,852	2,546	3,694	2,459	3,584	3,258	2,654	3,852	2,455	3,654	2,555
해물볶음밥	3,700	1,400	6,544	7,541	6,258	7,415	6,258	7,541	6,524	7,541	6,254	6,854	7,541	6,587
오므라이스	3,500	1,300	4,255	3,255	3,214	4,951	4,852	3,256	4,184	4,857	4,658	4,255	3,255	3,214
멕시코볶음밥	3,900	1,400	3,256	4,184	4,857	4,125	3,251	4,215	4,184	4,857	3,251	4,125	4,951	4,852
찹스테이크	6,000	2,400	2,541	3,564	3,256	2,456	3,562	2,548	3,589	2,541	3,564	2,451	3,654	2,645
불고기버거 스테이크	5,600	2,300	2,548	3,589	2,541	3,564	2,451	3,654	2,487	2,548	3,589	2,541	2,541	3,564
미트소스 스파게티	4,000	1,600	3,589	2,541	3,564	2,451	3,654	2,487	2,548	3,589	2,541	3,564	3,256	2,456
포모도로 스파게티	4,000	1,600	3,589	2,541	3,564	3,256	2,456	3,562	2,456	3,562	2,548	3,589	2,541	3,564

메뉴명	가격	원가	2003년											
			1월	2월	3월	4월	5월	6월	7월	8월	9월	10월	11월	12월
돈까스	3,000	1,200	8,645	8,454	9,185	9,301	8,458	7,654	8,455	9,547	7,454	9,545	8,451	8,541
생선까스	3,800	1,400	4,125	3,251	4,215	4,184	4,857	4,658	4,255	3,255	3,214	4,515	3,251	4,125
피자비후까스	5,500	2,200	3,654	3,256	3,654	3,214	3,852	3,951	3,698	3,456	3,621	3,587	2,541	3,654
해물볶음밥	3,700	1,400	7,415	6,254	7,415	6,584	7,589	6,524	7,514	6,522	6,854	7,451	6,254	7,543
오므라이스	3,500	1,300	4,125	3,251	4,215	4,184	4,857	3,251	4,125	4,951	4,852	4,184	4,857	4,658
멕시코볶음밥	3,900	1,400	3,251	4,125	4,951	4,852	4,184	4,857	4,658	4,255	3,255	3,214	4,951	4,852
찹스테이크	6,000	2,400	3,256	2,456	3,562	2,548	3,589	2,541	3,564	2,451	3,654	2,487	2,548	3,589
불고기버거 스테이크	5,600	2,300	2,451	3,654	2,487	2,548	3,589	2,541	3,564	3,256	2,456	3,562	2,546	3,562
미트소스 스파게티	4,000	1,600	3,256	2,456	3,562	2,548	3,589	2,541	3,564	2,451	3,654	2,645	3,525	2,548
포모도로 스파게티	4,000	1,600	2,541	3,564	2,451	3,654	2,487	2,548	3,589	2,541	2,541	3,564	4,216	2,548

모의문제 2

"벤자민' 이라는 레스토랑의 가격과 원가와 3년간의 판매량이다. 이 자료를 이용하여 동적 분석(시계열, 계절 및 종합분석)을 한다.(노동 요구 : "화히타 랩=58", "치킨 시저 랩=52", "그릴드 쉬림프 알프레도=48", "그릴드 베이비 백 립스=62", "몬테레이 치킨=80", "립아이 스테이크=40", "텐더로인 팁=45", "스트립 스테이크=50", "케이준 치킨 샌드위치=57", "올드타이머=60")

메뉴명	가격	원가	2001년											
			1월	2월	3월	4월	5월	6월	7월	8월	9월	10월	11월	12월
화히타 랩	8,000	2,500	90	96	37	40	39	43	45	47	51	61	42	94
치킨 시저 랩	9,000	3,000	71	76	78	64	83	88	93	97	93	97	90	88
그릴드 쉬림프 알프레도	7,500	2,100	23	55	57	41	43	49	34	23	50	63	37	80
그릴드 베이비 백 립스	6,000	1,500	50	40	41	48	44	31	24	33	57	31	32	37
몬테레이 치킨	5,500	1,000	100	105	57	41	46	34	44	40	49	53	44	99
립아이 스테이크	9,500	1,200	37	42	62	60	58	49	54	58	51	56	55	36
텐더로인 팁	7,000	2,000	48	55	61	41	23	90	101	98	44	53	57	61
스트립 스테이크	7,000	2,000	41	38	55	34	54	40	61	43	53	36	39	48
케이준 치킨 샌드위치	8,500	2,800	61	28	34	37	38	99	96	90	44	56	46	53
올드타이머	6,500	1,800	87	93	97	97	91	106	73	86	76	99	81	61

메뉴명	가격	원가	2002년											
			1월	2월	3월	4월	5월	6월	7월	8월	9월	10월	11월	12월
화히타 랩	8,000	2,500	88	84	53	35	44	58	48	34	43	31	61	97
치킨 시저 랩	9,000	3,000	42	51	56	48	71	58	72	75	63	37	60	70
그릴드 쉬림프 알프레도	7,500	2,100	45	50	23	53	55	47	41	28	43	49	56	34
그릴드 베이비 백 립스	6,000	1,500	70	67	61	68	54	71	64	66	77	58	64	71
몬테레이 치킨	5,500	1,000	90	91	54	58	47	42	37	31	48	50	55	110
립아이 스테이크	9,500	1,200	41	65	36	55	44	57	60	49	62	49	51	56
텐더로인 팁	7,000	2,000	56	35	47	45	51	99	80	93	41	39	51	48
스트립 스테이크	7,000	2,000	34	40	45	38	48	55	61	41	55	64	48	36
케이준 치킨 샌드위치	8,500	2,800	37	61	28	43	60	105	91	91	43	37	51	34
올드타이머	6,500	1,800	57	53	57	63	61	56	43	56	46	59	41	33

메뉴명	가격	원가	2003년											
			1월	2월	3월	4월	5월	6월	7월	8월	9월	10월	11월	12월
화히타 랩	8,000	2,500	80	85	35	37	41	39	49	51	47	40	57	87
치킨 시저 랩	9,000	3,000	32	41	46	38	61	48	52	35	43	47	40	50
그릴드 쉬림프 알프레도	7,500	2,100	50	45	53	23	45	41	55	63	37	44	57	46
그릴드 베이비 백 립스	6,000	1,500	90	87	91	88	75	93	83	84	96	77	78	92
몬테레이 치킨	5,500	1,000	95	86	51	45	37	40	47	51	38	59	51	97
립아이 스테이크	9,500	1,200	60	41	58	37	49	58	64	59	64	47	54	50
텐더로인 팁	7,000	2,000	51	28	37	48	56	88	84	91	33	44	41	51
스트립 스테이크	7,000	2,000	40	43	34	54	39	38	48	55	57	61	41	38
케이준 치킨 샌드위치	8,500	2,800	54	59	61	28	34	98	99	104	50	44	47	55
올드타이머	6,500	1,800	27	33	37	43	46	51	42	51	43	49	31	53

1. 정성적 분석의 필요성

1) 정성적 분석이란?

어떤 비즈니스를 새로이 시작하거나 마케팅 전략을 수립하고 수행하기 위해서 여러가지 다양한 Data가 필요하다는 것은 상식이다. 필요하지만 비교적 어려운 Data를 어떻게 효과적으로 얻을 수 있느냐 하는 점이 과제이며, 더욱이 숫자화 되어 있지 않으면서도 기업의 각종 계획을 수립하거나 의사결정을 할 때 꼭 필요한 주관성이 강한 Data를 얻어내는 것은 더욱 어렵다.

먼저 어떤 정보가 필요한 것인지를 결정하는 것이 중요하다. 상품의 종류나 기업이 추구하고자 하는 목표, 의사결정을 내려야할 사항이 무엇이냐에 따라 달라지지만 본 장에서는 앞 장까지에서 언급된 계량적 분석(정적분석 및 동적분석) 이외에 사내직원 및 고객이 느끼는 우리 상품에 대한 품질 수준, 시장의 변화, 미래에 대한 예측, 생산과정 개선 가능성, 편이성 등 숫자화 되지 않은 상태의 필요한 정보 분석을 다루고자 한다.

앞에서 다룬 분석을 정량적 분석이라고 하면 본장에서 다룰 분석은 정성적 분석이라고 할 수 있겠다. 결론적으로, 어떠한 방법으로든 Data를 숫자화 시키는 작업을 하지 않고는 직접 활용할 수 없는 필요한 정보를 어떻게 수집할 것인가와 수집된 정보를 어떻게 분석하고 이해할 것인가가 본장의 전개 내용이다.

본 책자에서는 메뉴엔지니어링에 필요한 정성적인 요인으로 첫째, 우리의 식당을 이용하는 고객은 우리의 상품에 어느 정도 수준의 품질평가를 내리고 있으며, 내부 staff들은 자신들이 만들어 내는 메뉴에 대해 얼마만큼의 품질적 자신감이 있는가 하는 품질요소이다.

둘째, 우리식당이 판매하는 메뉴가 현재의 입지에서 어느 정도의 위상을 차지하고 있으며 앞으로는 어떻게 될 것인가에 대한 시장요소이다.

셋째, 생산적인 측면에서 우리의 메뉴는 얼마나 경쟁력을 제고해 나갈 수 있을 것인가? 또한 고객의 요구에 충분히 대처할 만큼의 생산능력이 있는가 하는 '생산성 요소'이다.

이 세 가지 요소를 다시 세부요소로 나누어 정리하면 다음과 같다.

● 품질요소

각각의 메뉴가 고객의 품질요구를 얼마나 충족시키며 그 품질 수준을 어느정도 유지하고 있는지에 대한 요소.

▷ 고객 기호성 : 고객이 해당 메뉴를 얼마나 좋아하는지에 대한 평가.

고객 기호 조사 결과를 토대로 각 메뉴에 대한 기호도를 비교하여 계량화시킨다.

⇒ 고객기호가 높을수록 우선순위

▷ 품질 향상성 : 해당 메뉴의 품질을 어느 정도로 일정하게 제공되는가에 대한 평가.

각 메뉴가 맛 등의 품질을 계속적으로 유지하기가 쉬운가 하는 정도를 비교하여 계량화시킨다.

⇒ 레시피 및 시범조리에 근접하게 품질을 유지하기가 쉬울 경우, 우선순위

● 시장요소

해당 메뉴가 현재의 위치에서 영업하는 현 식당의 메뉴로 얼마나 적합하며 앞으로 성장 가능성이 있는가 하는 요소.

▷ 현장 적합성 : 현 식당을 찾았을 때 해당 메뉴가 고객의 선택에 얼마나 부합하며 앞으로 성장 가능성이 있는가 하는 요소.

식당 메뉴로서 현 시대에 어느 정도 적합한가를 비교하여 계량화

⇒ 현대적인 식당 컨셉에 어울릴수록 우선순위

▷ 성장 가능성 : 해당 메뉴가 현재의 식당 혹은 시장에서 앞으로 얼마나 성장할 것인가에 대한 평가.

앞으로의 추세를 볼 때 얼마만큼 수요가 변화할 것인가를 평가 비교하여 계량화시킨다.

⇒ 외식추세로 볼 때 성장 가능성이 클수록 우선순위

● 생산요소

해당메뉴를 조리하여 고객에게 제공하기까지 얼마나 소요되며, 난이도는 어떤지에 대한 요소

▷ 공급 속도성 : 고객의 기다림을 얼마나 최소화시킬 수 있는지에 대한 평가

조리하여 제공하는데 얼마나 빠른가 하는 정도

⇒ 인력 투입 정도를 불문하고 빨리 다량으로 제공될수록 우선순위

▷ 생산 편이성 : 식재료를 수급하고 보관, 관리하며 다루고 잘라서 조리한 후 제공하기까지 난이도는 어떠한가에 대한 평가

얼마나 쉽고 간단하게 조리, 제공할 수 있는가의 정도

⇒ 기물 장비, 재료, 가공 보관 가능 여부 등의 측면에서 쉽게 조리할 수 있을수록 우선순위

2) 정성적 분석의 필요성

이 책의 주제가 되는 비즈니스는 다양한 서비스 산업의 일부인 식당업이다. 기업의 목표가 고객이 만족할 만한 품질의 상품을 만들어 판매함으로서 수익을 창출한다는 점에서는 어떤 기업이든 동일하지만 서비스 산업에서 상품의 핵심을 이루는 서비스 행위에 대한 품질 평가는 그리 간단하지 않다. 또한 더 나가서 서비스는 주로 사람에 의해 이뤄진다는 면에서 내부 staff의 역할과 자세가 매우 중요하다.

한편, 식당 비즈니스는 경기에 민감하고 특정한 일부 아이템을 제외하고는 유행성이 강하다. 따라서 시장, 특히 선진시장의 동향에 대한 치밀한 정보확보가 필요함은 두 말 할 나위도 없다.

　　서비스업이 지니는 무형성이란 특징은 품질유지를 어렵게 하며, 독특한 문화성을 강하게 띄는 비즈니스란 점에서 정성적 분석은 반드시 필요하다. 정량적 분석이 아무래도 내부적인 자료만을 가지고 평가한다는 한계가 있고, 고객이 무엇을 원하며 시장은 앞으로 어떻게 변해갈 것이며 우리는 어떤 면에서 강점을 가지고 있기 때문에 어떤 메뉴를 어떻게 특화시켜 나갈 수 있을 것인가 등은 정성적 요인 측면에서 파악 분석하게 하는 것이다.

3) 정성적 분석의 한계를 이해하자.

　　정성(定性)이라는 말 자체가 양적으로 나타나지 않는 성질, 특성 등의 의미를 갖고 있기 때문에 정성적 분석이란 것도 자연과학 분야의 실험과 같이 여러차례 반복한 실험의 결과를 누적하여 계량화된 데이터를 도출한다든지, 조사대상 전체 중 일부를 샘플링하여 설문 조사함으로써 계량화된 결과를 얻는 방식인 사회 조사 방법을 택한다.

　　따라서 원시적인 자료 자체가 숫자로 되어 있고 분석결과도 명료한 정량적 분석에 비해 정성적 분석결과 자체가 표현해내는 현상에 대한 설명력은 객관적 측면에서 취약할 수 밖에 없다. 특히, 사회 현상의 일부를 그 중에서도 사람의 어떤 상태에서의 감정을 선발된 소수에게서 몇, 혹은 수십개 이내의 설문으로 얻어낸 결과가 얼마나 정확한가에 대한 회의도 생긴다.

　　하지만 사회과학적 통계 분석 방법이 고도화되고 설문의 기획, 작성, 수집, 분석 등에 대한 연구가 진행되면서 정성적 분석방법의 신뢰성도 높아지고 있다. 서비스 기업에서 품질 개선을 위해서 고객 설문을 통해 만족도 측정, 불만요소 등을 파악하는 것은 이미 상식적인 방법이 되었고, 비록 오차가 발생하지만 선거 직후 투표구 조사를 통한 당선자 예측 방송은 이러한 정성적 조사방법론의 정수를 느끼게 한다.

　　메뉴엔지니어링에서 사용하고자하는 정성적 분석이란, 분석대상이 되는 식당의 메뉴에 대해 고객 및 내부 staff의 설문, 벤치마킹을 통한 비교 등을 통해 계량화된 데이터를 얻어내자는 것이다. 여기서 얻어지는 결과는 품질을 평가하거나 개선할 사항을 모색하는데 사용하기에는 부적절하다. 단지, 메뉴엔지니어링 과정에서 정량적 분석이 안을 수 밖에 없는 한계를 극복하고 보다 정확히 메뉴에 대한 의사결정을 내릴 수 있도록 활용되어야 한다.

2. 정성적 분석 프로세스

1) 누구에게서 어떤 정보를 얻어낼 것인가?

어떤 조사든지 연구대상 전체에게 직접 면담을 통해 설문 할 내용을 질문하고 답을 듣는 것이 가장 확실한 방법이다. 하지만 시간적, 경제적 제약으로 이렇게 무리가 따르는 방법을 사용하지 않으며 또한 대부분의 경우 여건상 쓸 수 없다.

따라서, 전원 직접조사와 가장 근사치의 답을 얻기 위한 설문 내용과 방법을 설계하여야 한다. 우리가 설문을 통하여 얻고자 하는 것이 각 메뉴에 대한 품질적인 측면, 시장 적합성, 생산 향상성 등 세가지이기 때문에 이러한 정보를 줄 수 있는 관련자를 대상으로 고려하고 그 전체를 모집단으로 본다.

그 모집단으로는 고객 전체, 만들고 접대하는 내부 staff 전원, 경쟁업체 관계자 등이 될 것이다.

먼저, 고객에게 시선을 모아보자. 현실적으로 식당에 식사하러 오는 손님에게 설문을 부탁하는 것은 쉽지 않은 일이다. 하지만 고객의 메뉴에 대한 평가로 Data를 얻기 위해서는 최대한 기분이 상하거나 불편해 하지 않으면서 설문에 응하도록 해야한다. 설문은 간단하고 몇 문제 되지 않도록 구성하여 예쁘게 디자인 될수록 좋다. 또한, 간단한 디저트 등을 답례로 제공하는 것도 좋은 방법이다.

설문은 비슷한 한쪽 집단(나이, 성별 등)으로 몰려서는 안되며 메뉴당 최소한 30매 이상은 받아야 분석에 의미가 있다. 체계적으로 설문 정보를 분석하기 위하여 다른 설문 및 체크리스트와 언계 되도록 샘플로 구성한 설문지는 <참고 IV-1>과 같다.

둘째, 내부 직원들의 느낌도 메뉴에 대한 중요한 정보가 되며 고객설문 및 벤치마킹 결과와 연계하여 종합적인 정성적 분석결과로 얻을 수 있다. 내부직원의 경우 분석 메뉴에 대한 전문성, 경력에 가산치를 부여할 수도 있다. 내부 직원용 설문지는 <참고 IV-2>와 같다.

<참고 IV-1> 정성적 수집 Data 수집 공통양식
<u>고객설문지</u>

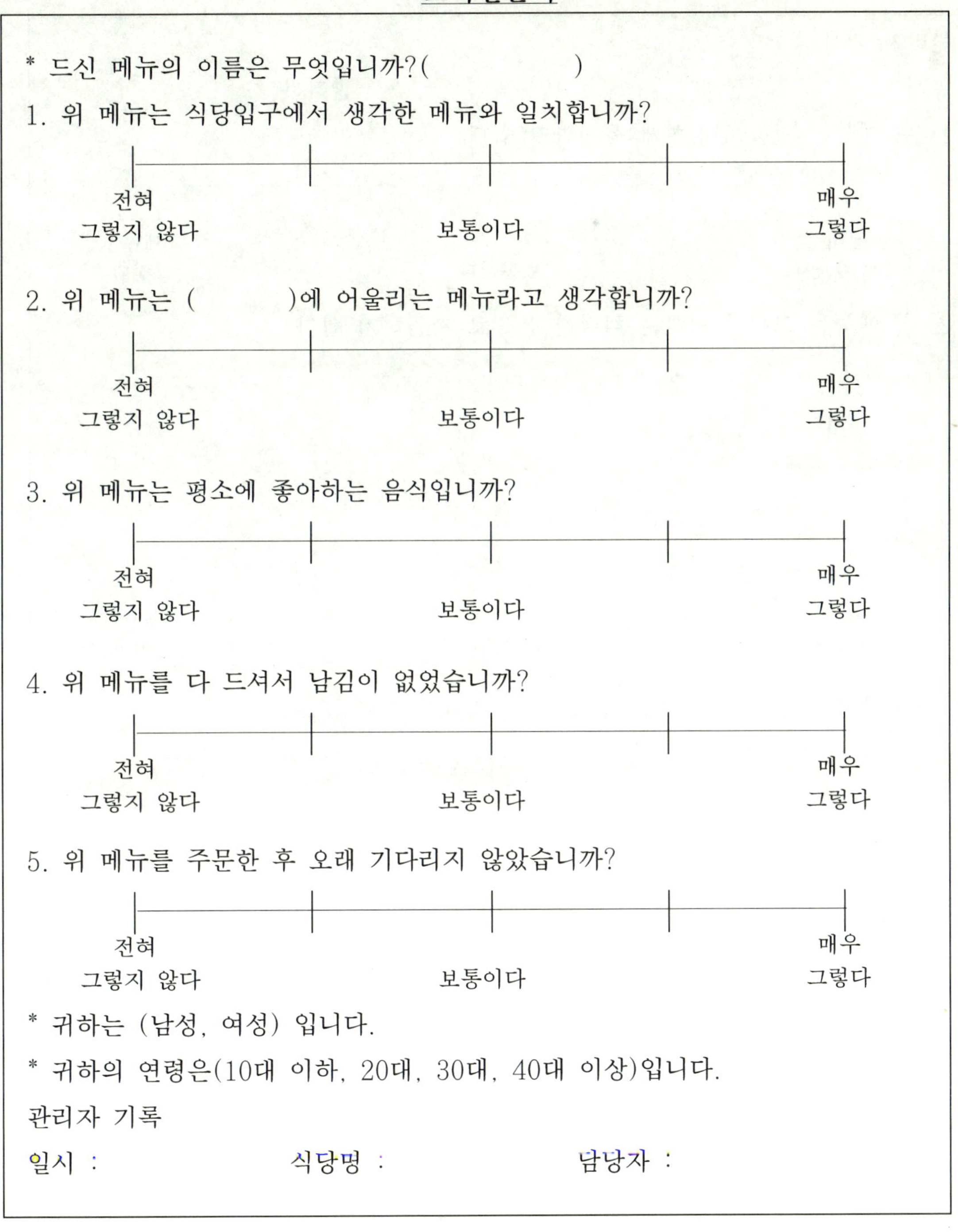

* 드신 메뉴의 이름은 무엇입니까?(　　　　　　)

1. 위 메뉴는 식당입구에서 생각한 메뉴와 일치합니까?

　　전혀　　　　　　　　　　　　보통이다　　　　　　　　매우
　그렇지 않다　　　　　　　　　　　　　　　　　　　　　그렇다

2. 위 메뉴는 (　　　　)에 어울리는 메뉴라고 생각합니까?

　　전혀　　　　　　　　　　　　보통이다　　　　　　　　매우
　그렇지 않다　　　　　　　　　　　　　　　　　　　　　그렇다

3. 위 메뉴는 평소에 좋아하는 음식입니까?

　　전혀　　　　　　　　　　　　보통이다　　　　　　　　매우
　그렇지 않다　　　　　　　　　　　　　　　　　　　　　그렇다

4. 위 메뉴를 다 드셔서 남김이 없었습니까?

　　전혀　　　　　　　　　　　　보통이다　　　　　　　　매우
　그렇지 않다　　　　　　　　　　　　　　　　　　　　　그렇다

5. 위 메뉴를 주문한 후 오래 기다리지 않았습니까?

　　전혀　　　　　　　　　　　　보통이다　　　　　　　　매우
　그렇지 않다　　　　　　　　　　　　　　　　　　　　　그렇다

* 귀하는 (남성, 여성) 입니다.

* 귀하의 연령은(10대 이하, 20대, 30대, 40대 이상)입니다.

관리자 기록

일시 :　　　　　　　식당명 :　　　　　　　담당자 :

<참고 IV-2>　정성적 수집 Data 수집 공통양식
내부 Staff 설문

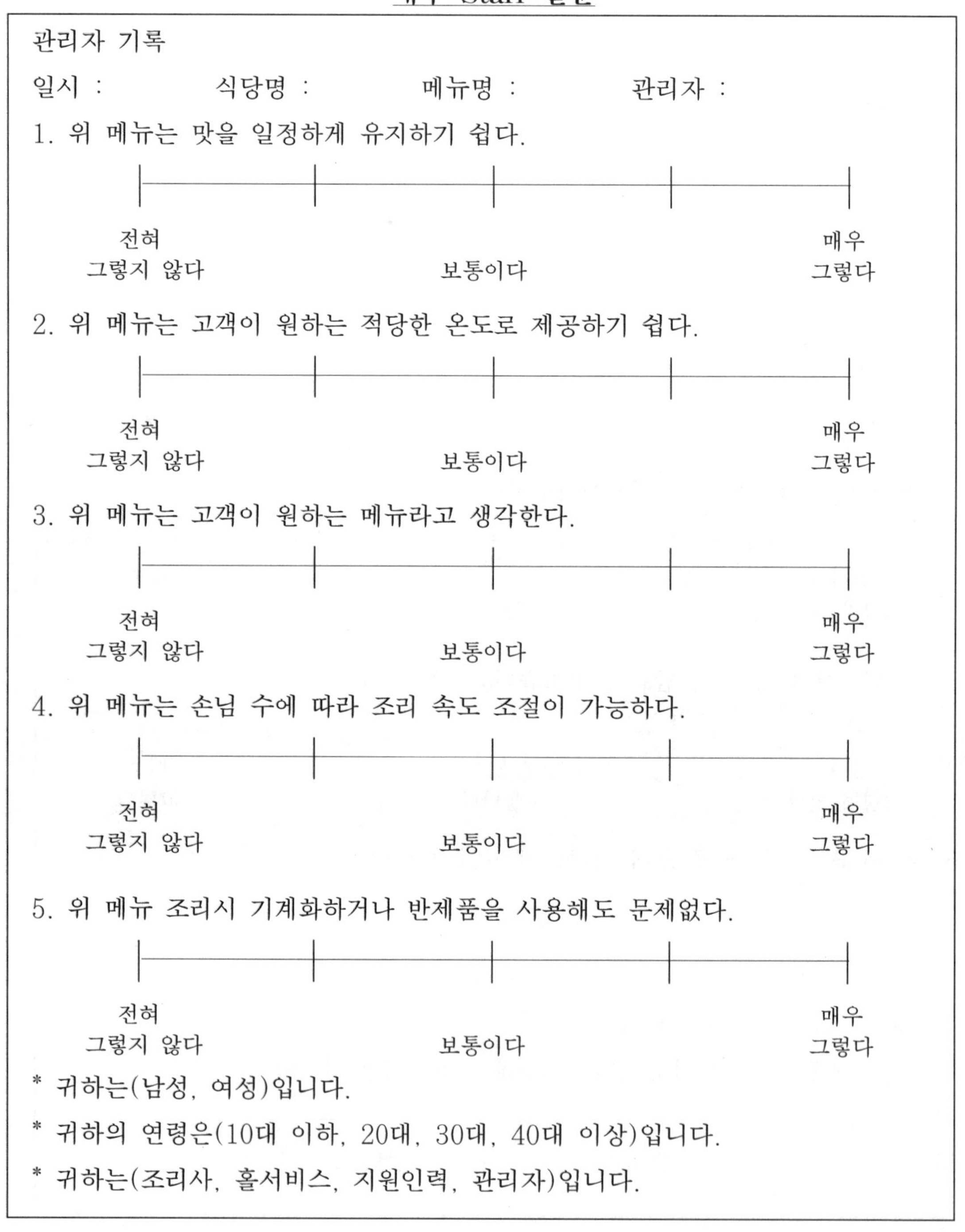

관리자 기록

일시 :　　　　식당명 :　　　　메뉴명 :　　　　관리자 :

1. 위 메뉴는 맛을 일정하게 유지하기 쉽다.

　전혀
　그렇지 않다　　　　　　보통이다　　　　　　매우
　　　　　　　　　　　　　　　　　　　　　　그렇다

2. 위 메뉴는 고객이 원하는 적당한 온도로 제공하기 쉽다.

　전혀
　그렇지 않다　　　　　　보통이다　　　　　　매우
　　　　　　　　　　　　　　　　　　　　　　그렇다

3. 위 메뉴는 고객이 원하는 메뉴라고 생각한다.

　전혀
　그렇지 않다　　　　　　보통이다　　　　　　매우
　　　　　　　　　　　　　　　　　　　　　　그렇다

4. 위 메뉴는 손님 수에 따라 조리 속도 조절이 가능하다.

　전혀
　그렇지 않다　　　　　　보통이다　　　　　　매우
　　　　　　　　　　　　　　　　　　　　　　그렇다

5. 위 메뉴 조리시 기계화하거나 반제품을 사용해도 문제없다.

　전혀
　그렇지 않다　　　　　　보통이다　　　　　　매우
　　　　　　　　　　　　　　　　　　　　　　그렇다

* 귀하는(남성, 여성)입니다.
* 귀하의 연령은(10대 이하, 20대, 30대, 40대 이상)입니다.
* 귀하는(조리사, 홀서비스, 지원인력, 관리자)입니다.

셋째, 분석대상 메뉴의 시장 상황도 중요한 분석대상이 된다. 어떻게 그 정보를 얻을 것인가가 과제인데 이럴 경우 활용되는 방법이 벤치마킹이다. 벤치마킹에 대해서는 관련된 많은 방법론적인 책들이 나와 있어 방법적인 설명은 빼도록 하자. 단지, 마치 견학생처럼 그냥 둘러보고 느낌만을 기록하고 그치게 되면 가치가 없게 된다. 벤치마킹 대상업체의 담당자를 만나서 이야기를 나누거나 그 식당의 고객에게 물어보는 등의 적극적인 방법을 동원해야 하며 필요하다면 장시간 관찰하면서 고객수, 메뉴에 대한 반응 등을 분석하는 것도 방법이다.

다음은 메뉴엔지니어링을 위해서 필요한 메뉴별 벤치마킹 체크리스트이다.

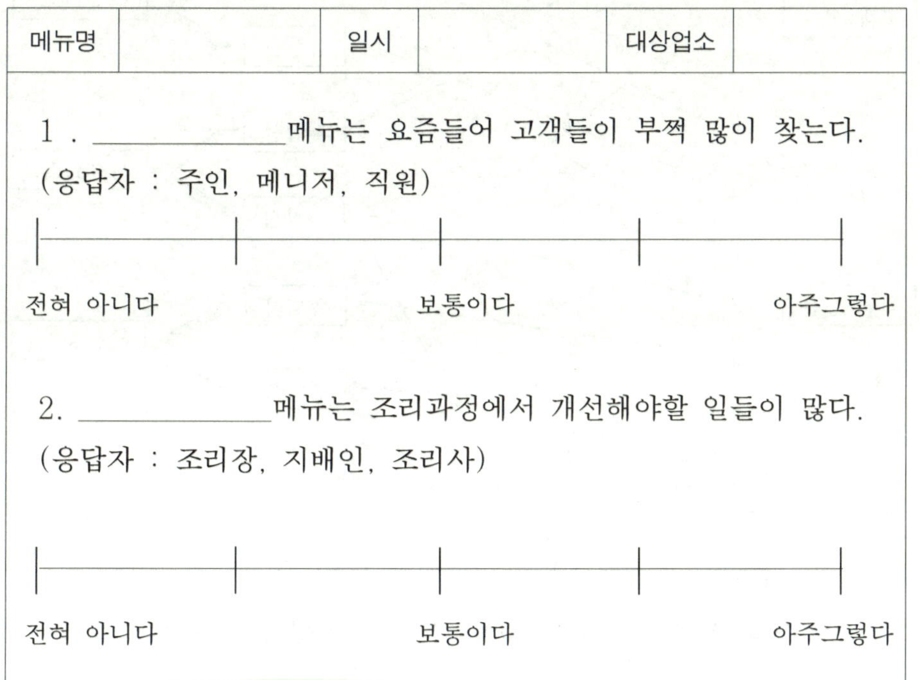

<참고 IV-3>   벤치마킹 체크리스트

메뉴명		일시		대상업소	

1. ___________메뉴는 요즘들어 고객들이 부쩍 많이 찾는다.
  (응답자 : 주인, 메니저, 직원)

전혀 아니다　　　　　　　　　　보통이다　　　　　　　　아주그렇다

2. ___________메뉴는 조리과정에서 개선해야할 일들이 많다.
  (응답자 : 조리장, 지배인, 조리사)

전혀 아니다　　　　　　　　　　보통이다　　　　　　　　아주그렇다

이와 같은 벤치마킹 체크리스트는 메뉴별로 동일 업소에서 5매 이내 총 20매 정도를 받는 것이 좋다.

2) 얻어낼 정보를 시스템화하자.

그렇다면, 이제 얻어진 정보를 어떻게 정리하여 의사결정에 반영 할 것
인가가 중요하게 떠오르게 된다.

앞에서 언급했듯이 각 메뉴별로 고객들에게서 5개의 설문을, 내부
Staff들에게서 5개의 설문을, 벤치마킹을 통해서 2개의 설문을 받았다.
전체를 합하면 12개의 설문 문항이 되며 이를 메뉴엔지니어링에 필요한
정성적 요인별로 나누면, 크게 세가지 분류의 대요인이 있고 각각은 두개
의 하부요인을 가지고 있고 각각의 하부요인은 2개의 설문 문항과 연결된
다. 이를 도식적으로 표현하면 다음과 같다.

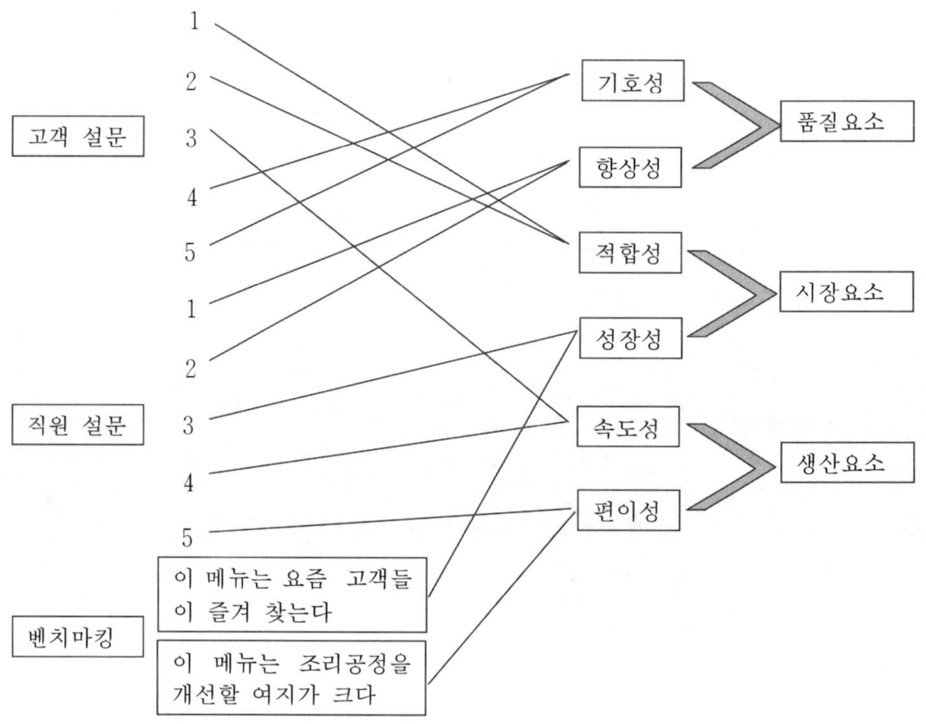

<그림 IV-1>　수집된 정성적 Data의 분석 및 활용 방법

고객설문 결과, 내부 Staff 설문 결과, 벤치마킹 체크 결과는 각각 5점
척도로 되어있으므로 설문 응답수에 상관없이 각 문항별로 평균을 낸 후
최종 결과로 사용한다. 즉, 각 설문 수거량의 차이는 문제가 되지 않는다.

<참고 IV-4> **설문 결과 집계표**

메뉴명 :

구분	설문 NO	평균값	하부요인	대요인	비고
고객설문	1				
	2				
	3				
	4				
	5				
내부설문	1				
	2				
	3				
	4				
	5				
벤치마킹	1				
	2				

이 집계표를 요인별로 변화시켜 집계표를 만들면 다음과 같다.

<참고 IV-5> **요인별 집계표**

메뉴명 :

대요인	하부요인	해당 설문 / 체크	평균값	소계	합계
품질요인	기호성				
	향상성				
시장요인	적합성				
	성장성				
생산요인	속도성				
	편이성				

3. 분석 결과의 활용

1) 활용을 위한 자료의 변환

메뉴별 설문 결과를 한눈에 알아 볼 수 있도록 하기 위해서는 다음과 같이 집계표를 만들어 두어야 한다. 각 메뉴별로 하부 요인의 소계값을 해당 하부요인 란에, 합계 값을 대요인 종합 란에 적어 넣으면 완성되고, 비고 란에는 분석과정에서 발견된 특이사항을 적는다.

<참고 IV-6>   설문결과 집계표

구분 메뉴명	정성적 요소의 계량화 평가									비고
	품질요소			시장요소			생산요소			
	기호성	항상성	종합	적합성	성장성	종합	속도성	편이성	종합	

분석결과를 간편화하자.

위 표를 보면 각각의 평가치가 숫자로 되어 있어서 한눈에 알아보기도 힘들고 미세한 숫자의 차이가 실질적인 메뉴간 차이라고 보기도 힘들다. 따라서 본 책에서는 점수에 따라 수. 우. 미. 양. 가를 부여하여 간편화 시킨 방법을 채택하기로 한다. 즉 다음 표와 같이 각 메뉴별 품질요소, 시

장요소, 생산요소에 대해 획득된 점수대에 따른 평가값을 부여한다는 것
이다. 물론 평가값에 따른 획득 점수대를 조정하거나 평가값을 A. B. C.
D. E 등으로 바꿔 사용할 수도 있다.

- 평가기준표

획득점수	4.0~7.0	7.1~10.0	10.1~14.0	14.1~17.0	17.1~20
평가값	가	양	미	우	수

이 기준표에 의한 값을 부가한 표가 다음과 같다.
아래 표의 우측부터 품질요인, 시장요인, 생산요인에 해당되는 평가값
을 쓰면 된다.

〈참고 IV-7〉 정성적 분석결과 시트

메뉴명	품질요소			시장요소			생산요소			품질요소	시장요소	생산요소	비고
	기호성	향상성	종합	적합성	성장성	종합	속도성	편이성	종합				

2) 계량적 분석 결과와의 결합

메뉴엔지니어링의 목적이 각 메뉴에 대해 어떻게 처리할 것인가? 에 대해 의사결정을 내리고 새로운 메뉴를 구성하자는 데 있다는 것은 앞에서 밝힌 바 있다. 설문조사의 결과가 비록 다른 목적으로 쓰일 수 있고 또 그렇게 활용된다 하더라도 메뉴엔지니어링 프로세스에서 정성적 분석 결과의 활용도는 종속적이다. 그러므로 현실적으로 설문조사는 메뉴엔지니어링을 위한 데이터 획득이란 목적과 혼합하여 한꺼번에 실시되는 것이 바람직하다.

정성적 분석 결과는 앞장들에서 다뤘던 계량적 분석결과와 결합되어 하나의 종합된 표로 나타내져야 한다.

다음은 계량적 분석 결과와 정성적 분석 결과를 종합하여 정리한 표이다.

<참고 IV-8>   분석결과 종합 정리표

메뉴명	계량적 분석결과					정성적 분석결과		
	정적분석			동적분석		품질요소	시장요소	생산요소
	4 분면	순위	종합	시계열	시장요소			

▷ 위 표를 작성하는 방법

- 계량적 분석 결과의 4분면법의 결과(Star, PH,…), 순위법의 결과(20%, 50%…), 종합법 결과(A, B, C…)를 표기한다.

- 계량적 분석 결과의 동적분석에는 시계열 변화 추이가 있다($\uparrow$, $\downarrow$)와 없다($\times$), 계절특성이 있다 (봄철$\uparrow$, 가을철$\downarrow$ 등)와 없다($\times$)로 표기한다.

- 정성적 분석 결과는 '수, 우, 미, 양, 가'로 표기한다.

3) 계량적 평가 시스템을 위한 함수화

가장 이상적인 분석 모델은 모든 변동요인들의 값을 실질적으로 반영할 수 있는 하나의 1차 함수로 나타내는 것이다.

예를 들어 A대학 입학을 위한 평가 항목(변동요인)이 내신성적, 수능 점수, 면접 등으로 이루어진다고 가정하고 각각의 반영 비율을 40%, 50%, 10%라고 하자. 그러면 응시생들의 평가 총점은, $Y=0.4X_1+0.5X_2+0.1X_3$로 나타낼 수 있다. 물론 여기에서 X_1, X_2, X_3는 각 응시생이 받은 내신 성적, 수능 점수, 면접 점수가 될 것이다. 각 점수는 100점 만점 기준 등과 같이 특정한 기준으로 변환해야 한다.

다소 어려운 감이 있지만, 다시 메뉴엔지니어링으로 돌아가 보자. 우리는 어떤 메뉴가 진정 우리의 식당에 가장 크게 기여하고 있는지, 혹은 어떤 메뉴가 이익을 낮추고 있어 바꿔야 하는지를 결정할 수 있도록, 한가지 척도의 값을 원한다. 이 메뉴별 기여도 종합 평가값을 Y라고 하고 Y를 구할 수 있는 함수를 구성해 보자. Y값을 결정하는 요인으로 우리는 앞에서 크게는 계량적 분석결과와 정성적 분석 결과가 있으며, 좀 더 세부적으로 정적 분석결과, 동적 분석결과, 품질요인 결과, 시장요인 결과, 생산 요인 결과가 있다. 이들을 X값으로 표현한다면 계량적 분석결과 $= X_1$, 정성적 분석결과 $= X_2$라고 할 수 있다. Y값 즉 기여도를 판정하는 데에는 X_1이 60% 만큼, X_2가 40% 만큼 영향을 미친다면 $Y=0.6\,X_1 + 0.4X_2$ 라고 함수화 할 수 있다.

더욱 세분화를 전개하여 X_1에 속한 정적 분석결과의 종합법 결과를 x_1, 동적분석의 시계열 값을 x_2라 하자. 그리고 반영되는 비율을 70% : 30% 라고 하자. 또한 X_3에 속한 품질요인 결과를 x_3 시장요인 결과를 x_4, 생산 요소 결과를 x_5, 라고 하고 각각 30%, 40%, 30%씩 반영한다고 하자(계절적 특성이 있을 경우에는 계절 특화 가부만을 결정한다).

그러면 앞의 식은 세부적으로 $Y=0.6(0.7x_1 + 0.3x_2)+0.4(0.3x_3+0.4x_4+0.3x_5)$로 표현할 수 있다. 이렇게 만들어진 함수를 통해서, 우리는 각 메뉴의 x_1, x_2, x_3, x_4, x_5값을 알 수 있다면 Y값 즉 메뉴별 기여도 종합 평가값을 구할 수 있다. 예를 들어 다음과 같은 기준으로 x_1, x_2값을 부여한다고 하자.

<참고 IV-9>   **x값 부여 기준표**

구분	부여 값 (10점 만점기준)
x_1 (종합법)	A = 10, B = 9, C = 8, D = 7, E = 6, F = 5, G = 4
x_2 (시계열)	추이 없다 = 0, 추이 ↑ = + 2, 추이 ↓ = -2
x_3 (품질)	수 = 10, 우 = 8, 미 = 6, 양 = 4, 가 = 2
x_4 (시장)	수 = 10, 우 = 8, 미 = 6, 양 = 4, 가 = 2
x_5 (생산)	수 = 10, 우 = 8, 미 = 6, 양 = 4, 가 = 2

앞의 함수를 이용하여 어떤 메뉴 '갑'의 Y값(기여도 종합평가값)을 구해보자. 메뉴엔지니어링을 통하여 '갑'은 계량적 분석의 종합법 결과가 B, 시계열 추이 있다↑, 정적분석의 품질요소 우, 시장요인 미, 생산 요인 수를 받았다고 가정한다. 그렇다면 메뉴 갑의 기여도 종합 평가 값은, $Y = 0.6(0.7 \times 9 + 0.3 \times 2) + 0.4(0.3 \times 8 + 0.4 \times 6 + 0.3 \times 10)$으로 계산되어 Y = 7.26이 된다.

이런 방법으로 전체 메뉴에 대해 Y값을 구하고 비교하면 손쉽게 결과를 얻을 수 있다.

여기에 주의하여야 할 사항이 있다.

첫째, 반영 비율의 문제이다. 앞에서 예로 들었던 X_1과 X_2에서의 반영비율이나 세부요인들인 x_1, x_2…에서의 반영 비율은 어디까지나 경험에 의한 가정일 뿐이다. 이는 식당의 업종, 규모, 입지 등 여러가지 성격에 따라 달라질 수 있다. 그러므로 여기에서는 반영비율을 미지수로 놓고 $Y = A(ax_1 + bx_2) + B(cx_3 + dx_4 + ex_5)$로 정리하고자 한다.

둘째, X값에 대한 부여기준도 문제가 있을 수 있다. 앞의 표를 그대로 사용하는 것보다, 각 식당의 현실에 맞게 조정하는 것이 바람직하다. 특

히 시계열 분석에서 '추이가 있다↑'를 +점수로, '추이가 없다↓'를 −점
수로 부여한 것은 종합법 결과에 대한 조정수단으로 생각하면 된다.
  셋째, 계량적 분석에서 4분면법과 순위법을 함수에 넣지 않은 이유는
그 결과가 종합법에 포함되고 있기 때문이며 동적 분석 중 계절특성 유무
의 경우 계절 특화 메뉴로 할 것이냐 말 것이냐만 결정하면 되므로 함수
에 포함시키지 않았다.

4. 예제를 통한 함수화 과정 이해

1) 예제 정의

고기구이 전문점인 '우송정'의 4가지 메뉴에 대하여 앞에서 설명한 것과 동일한 설문을 고객과 내부직원에게 메뉴별로 각각 20장, 10장씩 작성하도록 하였고 주변의 유사한 식당 10개 업체를 돌며 메뉴별로 10개의 벤치마킹 자료를 작성할 수 있었다. 이를 정리하면서 다음과 같은 원칙에 따랐다.

구분	설문 수량	설문 집계 방법	참고 사항
고객설문	메뉴별20장×4메뉴 =80장	① 각 메뉴별로 구분 후 ② 설문 문항에 체크된 점수를 합산(각 문항 별로) ③ 합산된 값 ÷ 해당문항이 속한 설문 수	① 한 문항이라도 답을 하지 않았다면 그 설문지 자체를 인정하지 않아야 한다. ② 중간지점에 체크한 경우 높은 값으로 인정.
직원설문	메뉴별10장×4메뉴 =40장		
벤치마킹	메뉴별10장×4메뉴 =40장		

위와 같은 방식을 거쳐 설문을 집계하고 정리한 결과 다음과 같은 설문결과 집계표를 만들었다.

<설문결과 집계표>

구분	설문NO	삼겹살	돼지갈비	목살	불고기
고객설문	1	3.0	3.0	3.0	2.5
	2	4.5	4.5	3.0	2.0
	3	4.5	3.5	3.0	3.5
	4	3.0	3.5	4.5	2.0
	5	2.0	4.0	2.0	2.0
내부설문	1	3.5	2.0	2.5	2.0
	2	2.0	4.5	2.5	4.0
	3	4.0	3.5	3.5	2.0
	4	2.0	3.0	2.5	2.5
	5	2.0	3.0	2.5	3.0
벤치마킹	1	4.0	4.0	3.0	1.5
	2	1.5	2.0	2.5	4.0

2) 작업시트에 따른 분석 과정

가장 먼저, 정리된 설문결과 집계표의 Data를 메뉴별로 변형시킨다.

<참고 IV-10> 메뉴별 집계표

(메뉴명 : 삼겹살)

구분	설문	평균값	하부요인	대 요인	비고
고객설문	1	3.0	적합성	시장요소	
	2	4.5	적합성	〃	
	3	4.5	속도성	생산요소	
	4	3.0	기호성	품질요소	
	5	2.0	기호성	〃	
내부설문	1	3.5	항상성	〃	
	2	2.0	항상성	〃	
	3	4.0	성장성	시장요소	
	4	2.0	속도성	생산요소	
	5	2.0	편의성	〃	
벤치마킹	1	4.0	성장성	시장요소	
	2	1.5	편의성	생산요소	

(메뉴명 : 돼지갈비)

구분	설문	평균값	하부요인	대 요인	비고
고객설문	1	3.0	적합성	시장요소	
	2	4.5	적합성	〃	
	3	3.5	속도성	생산요소	
	4	3.5	기호성	품질요소	
	5	4.0	기호성	〃	
내부설문	1	2.0	항상성	〃	
	2	4.5	항상성	〃	
	3	3.5	성장성	시장요소	
	4	3.0	속도성	생산요소	
	5	3.0	편의성	〃	
벤치마킹	1	4.0	성장성	시장요소	
	2	2.0	편의성	생산요소	

(메뉴명 : 목살)

구분	설문	평균값	하부요인	대 요인	비고
고객설문	1	3.0	적합성	시장요소	
	2	3.0	적합성	〃	
	3	3.0	속도성	생산요소	
	4	4.5	기호성	품질요소	
	5	2.0	기호성	〃	
내부설문	1	2.5	항상성	〃	
	2	2.5	항상성	〃	
	3	3.5	성장성	시장요소	
	4	2.5	속도성	생산요소	
	5	2.5	편의성	〃	
벤치마킹	1	3.0	성장성	시장요소	
	2	2.5	편의성	생산요소	

（메뉴명 : 불고기）

구분	설문	평균값	하부요인	대 요인	비고
고객설문	1	2.5	적합성	시장요소	
	2	2.0	적합성	〃	
	3	3.5	속도성	생산요소	
	4	2.0	기호성	품질요소	
	5	2.0	기호성	〃	
내부설문	1	2.0	항상성	〃	
	2	4.0	항상성	〃	
	3	2.0	성장성	시장요소	
	4	2.5	속도성	생산요소	
	5	3.0	편의성	〃	
벤치마킹	1	1.5	성장성	시장요소	
	2	4.0	편의성	생산요소	

이 집계표를 요인별로 변화시켜 재차 변형된 집계표를 만들면 다음과 같다.

<참고 IV-11>　요인별 변환 집계표

（메뉴명 : 삼겹살）

대요인	하부요인	해당 설문 / 체크	평균값	소계	합계
품질요인	기호성	고객4	3.0	5	10.5
		고객5	2.0		
	항상성	내부1	3.5	5.5	
		내부2	2.0		
시장요인	적합성	고객1	3.0	7.5	15.5
		고객2	4.5		
	성장성	내부3	4.0	8	
		벤치1	4.0		
생산요인	속도성	고객3	4.5	6.5	10.0
		내부4	2.0		
	편이성	내부5	2.0	3.5	
		벤치2	1.5		

(메뉴명 : 돼지갈비)

대요인	하부요인	해당 설문 / 체크	평균값	소계	합계
품질요인	기호성	고객4	3.0	7.5	14.5
		고객5	4.5		
	항상성	내부1	3.5	7	
		내부2	3.5		
시장요인	적합성	고객1	4.0	6	14.0
		고객2	2.0		
	성장성	내부3	4.5	8	
		벤치1	3.5		
생산요인	속도성	고객3	3.0	6	12.0
		내부4	3.0		
	편이성	내부5	4.0	6	
		벤치2	2.0		

(메뉴명 : 목살)

대요인	하부요인	해당 설문 / 체크	평균값	소계	합계
품질요인	기호성	고객4	3.0	6.0	13.5
		고객5	3.0		
	항상성	내부1	3.0	7.5	
		내부2	4.5		
시장요인	적합성	고객1	2.0	4.5	10.5
		고객2	2.5		
	성장성	내부3	2.5	6.0	
		벤치1	3.5		
생산요인	속도성	고객3	2.5	5.0	10.5
		내부4	2.5		
	편이성	내부5	3.0	5.5	
		벤치2	2.5		

(메뉴명 : 불고기)

대요인	하부요인	해당 설문 / 체크	평균값	소계	합계
품질요인	기호성	고객4	2.5	4.5	10.0
		고객5	2.0		
	항상성	내부1	3.5	5.5	
		내부2	2.0		
시장요인	적합성	고객1	2.0	4.0	10.0
		고객2	2.0		
	성장성	내부3	4.0	6.0	
		벤치1	2.0		
생산요인	속도성	고객3	2.5	5.5	11.0
		내부4	3.0		
	편이성	내부5	1.5	5.5	
		벤치2	4.0		

다음단계는 이렇게 메뉴별로 정리된 Data를 한 시트에 집계한다.

<참고 IV-12> 설문 결과 종합 집계표

구분 메뉴명	정성적 요소의 계량화 평가									비고
	품질요소			시장요소			생산요소			
	기호성	항상성	종합	적합성	성장성	종합	속도성	편이성	종합	
삼겹살	5.0	5.5	10.5	7.5	8.0	15.5	6.5	3.5	10.0	
돼지갈비	7.5	7.0	14.5	6.0	8.0	14.0	6.0	6.0	12.0	
목살	6.0	7.5	13.5	4.5	6.0	10.5	5.0	5.5	10.5	
불고기	4.5	5.5	10.0	4.0	6.0	10.0	5.5	5.5	11.0	

위 결과를 p. 182의 평가 기준표에 따라 평가값을 부여하여 변형시킨
종합 집계표를 만들어 보자.

<참고 IV-13>   정성적 분석결과 시트

메뉴명	품질요소			시장요소			생산요소			품질 요소	시장 요소	생산 요소	비고
	기호성	항상성	종합	적합성	성장성	종합	속도성	편이성	종합				
삼겹살	5.0	5.5	10.5	7.5	8.0	15.5	6.5	3.5	10.0	미	우	양	
돼지갈비	7.5	7.0	14.5	6.0	8.0	14.0	6.0	6.0	12.0	우	미	미	
목살	6.0	7.5	13.5	4.5	6.0	10.5	5.0	5.5	10.5	미	미	미	
불고기	4.5	5.5	10.0	4.0	6.0	10.0	5.5	5.5	11.0	양	양	양	

계량적 분석 결과는 표에 기입된 대로 결과가 나타난 것이라 가정하고 정성적 분석 결과와 하나의 표를 만들어 보자.

<참고 IV-14>   분석결과 종합 정리표

메뉴명	계량적 분석결과					정성적 분석결과		
	정적 분석			동적 분석		품질요소	시장요소	생산요소
	4분면	순위	종합	시계열	계절성			
삼겹살	PH	1	B	-	-	미	우	양
돼지갈비	STAR	2	B	-	-	우	미	미
목살	PUZ	4	F	-	겨울↑	미	미	미
불고기	DOG	3	F	추이↓	-	양	양	미

가정한 Data

3) 함수화 작업

식당에의 기여정도, 즉 메뉴의 이익기여도를 'Y'라고 하고 X^1=계량적 분석결과 값, X^2=정성적 결과값이라 하자. 그리고 경험적으로 보나 주변 업계를 살펴봤을 때 Y를 결정하는 데에는 X^1이 60%, X^2가 40% 반영된다고 한다. 그러면 앞의 예제인 '우송정'의 각 메뉴별 Y값=0.6 $X^1+0.4X^2$로 나타낼 수 있다. 세부적으로 따졌을 때 X^1에 속하는 정적분석 결과가 70%(=x^1으로 표시), 동적분석 결과가 30%(=x^2로 표시)라 하고 X^2에 속하는 품질, 시장, 생산요소는 각각 40 : 30 : 30으로 반응 한다고 하자(=x^3, x^4, x^5). 이를 정리하여 함수를 나타내면,

$Y=0.6(0.7x^1+0.3x^2)+0.4(0.4x^3+0.3x^4+0.3x^5)$가 된다. 여기에 예제인 우송정의 사례를 대입하면(p179의 참고 IV-19에 따라) 다음과 같은 메뉴별 이익 기여도인 Y값이 구해진다.

⁂ 메뉴별 Y값 구하기

- 삼겹살 Y = $0.6(0.7\times\underset{\text{종합법}}{\underline{9}}+0.3\times\underset{\text{시계열}}{\underline{0}})+0.4(0.4\times6+0.3\times8+0.3\times4)$

  = $0.6\times6.3+0.4\times6$ = $3.78+2.40$ = $\underline{6.18}$
- 돼지갈비 Y = $0.6(0.7\times9+0.3\times0)+0.4(0.4\times8+0.3\times6+0.3\times6)$

  = $0.6\times6.3+0.4\times6.8$ = $3.78+2.72$ = $\underline{6.50}$
- 목살 Y = $0.6(0.7\times5+0.3\times0)+0.4(0.4\times6+0.3\times6+0.3\times6)$

  = $0.6\times3.5+0.4\times6$ = $2.10+2.40$ = $\underline{4.50}$

  ※ 단, 겨울에 좋은 계절성 있음.
- 불고기 Y = $0.6[0.7\times5+0.3\times(-2)]+0.4(0.4\times4+0.3\times4+0.3\times6)$

  = $0.6\times2.9+0.4\times4.6$ =$1.74+1.84$ = $\underline{3.58}$

⇒ 위 메뉴별 Y값들을 비교해 보면 메뉴간에 기여도 차이를 숫자의 크기로 알아볼 수 있다.

3) 작업시트

⁂ 메뉴별 집계표

〈메뉴명 : 〉

구분	설문	평균값	하부요인	대 요인	비고
고객 설문	1				
	2				
	3				
	4				
	5				
내부 설문	1				
	2				
	3				
	4				
	5				
벤치마킹	1				
	2				

이 집계표를 요인별로 변화시켜 집계 표를 만들면 다음과 같다.

✲✲ 요인별 변환 집계표

〈메뉴명 :   〉

대요인	하부요인	해당 설문 / 체크	평균값	소계	합계
품질요인	기호성				
	항상성				
시장요인	적합성				
	성장성				
생산요인	속도성				
	편이성				

✱✱ 설문 결과 종합 집계표

구분 / 메뉴명	정성적 요소의 계량화 평가									비고
	품질요소			시장요소			생산요소			
	기호성	항상성	종합	적합성	성장성	종합	속도성	편이성	종합	

✳✳ 정성적 분석결과 시트

메뉴명	품질요소			시장요소			생산요소			품질요소	시장요소	생산요소	비고
	기호성	항상성	종합	적합성	성장성	종합	속도성	편이성	종합				

✲✲ 분석결과 종합 정리표

| 메뉴명 | 계량적 분석결과 | | | | | 정성적 분석결과 | | |
| | 정적 분석 | | | 동적 분석 | | 품질요소 | 시장요소 | 생산요소 |
	4 분면	순위	종합	시계열	시장요소			

5. 사례연구 및 모의문제

1) 사례연구

III장에서는 예제를 다뤘던 고기전문 식당 '대한정'의 사례를 다시 한번 연구하여 보자. 앞에서 설명한 바와 동일한 설문 및 벤치마킹 체크리스트 (참고 IV-1, IV-2, IV-3)를 이용하여 조사한 결과 다음과 같은 각 문항별 응답의 평균점수를 구할 수 있었다. 이를 토대로 정성적 분석을 전개하여 보자.

구분	설문	삼겹살	돼지갈비	목살	불고기	등심	모듬구이
고객설문	1	4.0	3.0	3.5	2.5	4.5	2.0
	2	4.5	3.5	2.5	3.0	3.0	4.0
	3	4.0	4.5	3.5	2.0	4.5	3.0
	4	4.5	3.5	3.0	4.0	4.5	3.5
	5	3.0	2.5	3.5	4.5	4.0	3.0
내부설문	1	3.5	2.0	4.0	2.5	4.5	2.0
	2	4.5	3.0	4.0	3.0	4.0	3.5
	3	3.0	2.5	1.5	1.0	2.5	4.0
	4	4.5	2.0	4.0	2.5	3.5	3.0
	5	3.0	1.5	4.0	1.0	2.5	3.5
벤치마킹	1	4.0	3.0	1.5	1.0	1.5	2.5
	2	3.0	4.0	2.5	3.0	3.5	2.0

✼✼ 메뉴별 집계 표

(메뉴명 : 삼겹살)

구분	설문	평균값	하부요인	대 요인	비고
고객설문	1	4.0	적합성	시장요소	
	2	4.5	적합성	〃	
	3	4.0	속도성	생산요소	
	4	4.5	기호성	품질요소	
	5	3.0	기호성	〃	
내부설문	1	3.5	항상성	〃	
	2	4.5	항상성	〃	
	3	3.0	성장성	시장요소	
	4	4.5	속도성	생산요소	
	5	3.0	편의성	〃	
벤치마킹	1	4.0	성장성	시장요소	
	2	3.0	편의성	생산요소	

(메뉴명 : 돼지갈비)

구분	설문	평균값	하부요인	대 요인	비고
고객설문	1	3.0	적합성	시장요소	
	2	3.5	적합성	〃	
	3	4.5	속도성	생산요소	
	4	3.5	기호성	품질요소	
	5	2.5	기호성	〃	
내부설문	1	2.0	항상성	〃	
	2	3.0	항상성	〃	
	3	2.5	성장성	시장요소	
	4	2.0	속도성	생산요소	
	5	1.5	편의성	〃	
벤치마킹	1	3.0	성장성	시장요소	
	2	4.0	편의성	생산요소	

(메뉴명 : 목살)

구분	설문	평균값	하부요인	대 요인	비고
고객 설문	1	3.5	적합성	시장요소	
	2	2.5	적합성	〃	
	3	3.5	속도성	생산요소	
	4	3.0	기호성	품질요소	
	5	3.5	기호성	〃	
내부 설문	1	4.0	향상성	〃	
	2	4.0	향상성	〃	
	3	1.5	성장성	시장요소	
	4	4.0	속도성	생산요소	
	5	4.0	편의성	〃	
벤치마킹	1	1.5	성장성	시장요소	
	2	2.5	편의성	생산요소	

(메뉴명 : 불고기)

구분	설문	평균값	하부요인	대 요인	비고
고객설문	1	2.5	적합성	시장요소	
	2	3.0	적합성	〃	
	3	2.0	속도성	생산요소	
	4	4.0	기호성	품질요소	
	5	4.5	기호성	〃	
내부설문	1	2.5	향상성	〃	
	2	3.0	향상성	〃	
	3	1.0	성장성	시장요소	
	4	2.5	속도성	생산요소	
	5	1.0	편의성	〃	
벤치마킹	1	1.0	성장성	시장요소	
	2	3.0	편의성	생산요소	

(메뉴명 : 등심)

구분	설문	평균값	하부요인	대 요인	비고
고객 설문	1	4.5	적합성	시장요소	
	2	3.0	적합성	〃	
	3	4.5	속도성	생산요소	
	4	4.5	기호성	품질요소	
	5	4.0	기호성	〃	
내부 설문	1	4.5	항상성	〃	
	2	4.0	항상성	〃	
	3	2.5	성장성	시장요소	
	4	3.5	속도성	생산요소	
	5	2.5	편의성	〃	
벤치마킹	1	1.5	성장성	시장요소	
	2	3.5	편의성	생산요소	

(메뉴명 : 모듬구이)

구분	설문	평균값	하부요인	대 요인	비고
고객 설문	1	2.0	적합성	시장요소	
	2	4.0	적합성	〃	
	3	3.0	속도성	생산요소	
	4	3.5	기호성	품질요소	
	5	3.0	기호성	〃	
내부 설문	1	2.0	항상성	〃	
	2	3.5	항상성	〃	
	3	4.0	성장성	시장요소	
	4	3.0	속도성	생산요소	
	5	3.5	편의성	〃	
벤치마킹	1	2.5	성장성	시장요소	
	2	2.0	편의성	생산요소	

이 집계표를 요인별로 변화시켜 집계표를 만들면 다음과 같다.

✻ 요인별 집계 표

(메뉴명 : 삼겹살)

대요인	하부요인	해당 설문 / 체크	평균값	소계	합계
품질요인	기호성	고객 4	4.5	7.5	15.5
		고객 5	3.0		
	항상성	내부 1	3.5	8.0	
		내부 2	4.5		
시장요인	적합성	고객 1	4.0	8.5	15.5
		고객 2	4.5		
	성장성	내부 3	3.0	7.0	
		벤치 1	4.0		
생산요인	속도성	고객 3	4.0	8.5	14.5
		내부 4	4.5		
	편이성	내부 5	3.0	6.0	
		벤치 2	3.0		

(메뉴명 : 돼지갈비)

대요인	하부요인	해당 설문 / 체크	평균값	소계	합계
품질요인	기호성	고객 4	3.5	6.0	11.0
		고객 5	2.5		
	항상성	내부 1	2.0	5.0	
		내부 2	3.0		
시장요인	적합성	고객 1	3.0	6.5	12.0
		고객 2	3.5		
	성장성	내부 3	2.5	5.5	
		벤치 1	3.0		
생산요인	속도성	고객 3	4.5	6.5	12.0
		내부 4	2.0		
	편이성	내부 5	1.5	5.5	
		벤치 2	4.0		

（메뉴명 : 목살）

대요인	하부요인	해당 설문 / 체크	평균값	소계	합계
품질요인	기호성	고객 4	3.0	6.5	14.5
		고객 5	3.5		
	항상성	내부 1	4.0	8.0	
		내부 2	4.0		
시장요인	적합성	고객 1	3.5	6.0	9.0
		고객 2	2.5		
	성장성	내부 3	1.5	3.0	
		벤치 1	1.5		
생산요인	속도성	고객 3	3.5	7.5	14.0
		내부 4	4.0		
	편이성	내부 5	4.0	6.5	
		벤치 2	2.5		

（메뉴명 : 불고기）

대요인	하부요인	해당 설문 / 체크	평균값	소계	합계
품질요인	기호성	고객 4	4.0	8.5	14.0
		고객 5	4.5		
	항상성	내부 1	2.5	5.5	
		내부 2	3.0		
시장요인	적합성	고객 1	2.5	5.5	7.5
		고객 2	3.0		
	성장성	내부 3	1.0	2.0	
		벤치 1	1.0		
생산요인	속도성	고객 3	2.0	4.5	8.5
		내부 4	2.5		
	편이성	내부 5	1.0	4.0	
		벤치 2	3.0		

(메뉴명 : 등심)

대요인	하부요인	해당 설문 / 체크	평균값	소계	합계
품질요인	기호성	고객 4	4.5	8.5	17.0
		고객 5	4.0		
	항상성	내부 1	4.5	8.5	
		내부 2	4.0		
시장요인	적합성	고객 1	4.5	7.5	11.5
		고객 2	3.0		
	성장성	내부 3	2.5	4.0	
		벤치 1	1.5		
생산요인	속도성	고객 3	4.5	8.0	14.0
		내부 4	3.5		
	편이성	내부 5	2.5	6.0	
		벤치 2	3.5		

(메뉴명 : 모듬구이)

대요인	하부요인	해당 설문 / 체크	평균값	소계	합계
품질요인	기호성	고객 4	3.5	6.5	12.0
		고객 5	3.0		
	항상성	내부 1	2.0	5.5	
		내부 2	3.5		
시장요인	적합성	고객 1	2.0	6.0	12.5
		고객 2	4.0		
	성장성	내부 3	4.0	6.5	
		벤치 1	2.5		
생산요인	속도성	고객 3	3.0	6.0	11.5
		내부 4	3.0		
	편이성	내부 5	3.5	5.5	
		벤치 2	2.0		

✵ 설문결과 집계표

구분 / 메뉴명	정성적 요소의 계량화 평가									비고
	품질요소			시장요소			생산요소			
	기호성	향상성	종합	적합성	성장성	종합	속도성	편이성	종합	
삼겹살	7.5	8.0	15.5	8.5	7.0	15.5	8.5	6.0	14.5	
돼지갈비	6.0	5.0	11.0	6.5	5.5	12.0	6.5	5.5	12.0	
목살	6.5	8.0	14.5	6.0	3.0	9.0	7.5	6.5	14.0	
불고기	8.5	5.5	14.0	5.5	2.0	7.5	4.5	4.0	8.5	
등심	8.5	8.5	17.0	7.5	4.0	11.5	8.0	6.0	14.0	
모듬구이	6.5	5.5	12.0	6.0	6.5	12.5	6.0	5.5	11.5	

✵ 정성적 분석결과 시트

메뉴명	품질요소			시장요소			생산요소			품질요소	시장요소	생산요소	비고
	기호성	향상성	종합	적합성	성장성	종합	속도성	편이성	종합				
삼겹살	7.5	8.0	15.5	8.5	7.0	15.5	8.5	6.0	14.5	우	우	우	
돼지갈비	6.0	5.0	11.0	6.5	5.5	12.0	6.5	5.5	12.0	미	미	미	
목살	6.5	8.0	14.5	6.0	3.0	9.0	7.5	6.5	14.0	우	양	미	
불고기	8.5	5.5	14.0	5.5	2.0	7.5	4.5	4.0	8.5	미	양	양	
등심	8.5	8.5	17.0	7.5	4.0	11.5	8.0	6.0	14.0	우	미	미	
모듬구이	6.5	5.5	12.0	6.0	6.5	12.5	6.0	5.5	11.5	미	미	미	

✲✲ 분석결과 종합 정리표

메뉴명	계량적 분석결과					정성적 분석결과		
	정적분석			동적분석		품질요소	시장요소	생산요소
	4 분면	순위	종합	시계열	계절성			
삼겹살	PH	1	B	-	-	우	우	우
돼지갈비	PH	3	D	-	-	미	미	미
목살	PH	2	C	↓	봄↓	우	양	미
불고기	Star	4	C	↓	가을·겨울↑	미	양	양
등심	PUZ	5	F	-	-	우	미	미
모듬구이	PUZ	6	F	-	-	미	미	미
				-	-			

2) 모의문제

III장의 모의 문제로 다뤘던 식당의 메뉴에 대해 본문의 내용에서 설명하였던 설문 및 벤치마킹 체크리스트를 만들어서 직접 설문을 받고 분석하여 보시오. 설문은 IV-1, IV-2, IV-3을 자신의 식당에 맞게 수정 및 디자인하여 사용하고 분석은 앞에 첨부된 작업시트를 차례로 이용하도록 하시오.

- 답안 생략

의사결정과 효과예측 시뮬레이션

1. 의사 결정 방법

Ⅳ장까지에서 다룬 프로세스에 따라 분석한 결과를 메뉴별로 다음과 같은 표를 만들 수 있다.

<참고 Ⅴ-1>　메뉴 종합 실적표

메뉴명			가격/원가				판매수량 /매출액		
구분	정적 분석 결과	시계열별 실적						계절성 분석				정성적 요인			종합 평가
		-3년 상반	-3년 하반	-2년 상반	-2년 하반	-1년 상반	-1년 하반	봄	여름	가을	겨울	품질	시장	생산	
분석 결과															
1차 판단															

앞에서도 몇 차례 강조하였듯이 메뉴 분석은 지난 기간의 실적을 명확히 하여 각 메뉴의 기여도 위치를 파악함으로서 계획하고 있는 새로운 기간에 새로운 메뉴구성을 하되 수익성이 최대화 되도록 하자는 데 그 의미가 있다. 이전의 장까지 장황하게 다룬 모든 내용이 위의 표 하나에 요약 정리되어 있다. 이 표를 보고 종합 평가를 내리게 되는데, Data가 점점

복잡해지고, 단순한 4분면 기법을 이용한 메뉴엔지니어링 기법에서 시작하여 많은 단계를 거쳐 왔지만 결국 메뉴에 대한 의사결정은 맨 처음 메뉴엔지니어링에서 하고자 했던 방법과 그 맥을 같이 한다.

따라서 종합 평가란에는 다음과 같은 평가 값들 중 하나를 선택한다.

- 종합 평가 값
    - 현행유지
    - 조정 – 가격 ┌ 인상
             └ 인하
          원가 ┌ 인상 : 메뉴엔지니어링 측면에서는 가격 인하 효과
             └ 인하 : 메뉴엔지니어링 측면에서는 가격 인상 효과
          기타
    - 전환(계절 메뉴를 시즌 혹은 스페셜 메뉴로)
    - 탈락 → 대체 메뉴

<참고 V-2> **평가 및 조정표(1차 의사결정)**

메뉴명	판정등급	조 정 사 항			대체 메뉴 (가격/원가)	비고
		가 격	원 가	기 타		

　　각 메뉴별 실적이 집계되어 종합평가까지 하고 나면 그 결과를 위와 같은 집계표에 기록한다. 이 표는 결국 새로운 메뉴 작성을 위한 1차 의사결정표라고 할 수 있다. 아직 최종 의사결정을 하기에는 이르다. 과연 이렇게 조정되어 실행되었을 때 과연 현실적으로 보다 많은 이익을 가져다 주는 가에 확신이 서지 않기 때문이다. 이를 검증해 보기 위해 시뮬레이션 과정을 거치게 된다.

2. 왜 시뮬레이션이 필요한가?

1) 시뮬레이션이란?

시뮬레이션(Simulation)

<사전적 정의 : 현실의 상태를 나타내는 모델을 만들어서 실험하여 시스템의 움직임을 연구하는 방법>

사무실의 책상배치를 생각해보자. 책상 등의 축소 모델을 만들어 그것을 여러 가지로 배치해서 결론을 낸다. 이것은 축소 모델을 사용한 하나의 시뮬레이션이라고 할 수 있다.

Model로 실험한다.

시뮬레이션(시뮬레이션=사물의 모방. 보통은 원어 그대로 사용한다)이란 모델 실험의 총칭으로 물리적 모델, 수학적 모델에 의한 실험을 의미한다. 즉 현실 상태를 나타내는 모델을 만들어 그 모델을 사용하여 실험하고 그 과정이나 결과를 분석해서 현실 시스템의 움직임을 예측하거나 결정 방법을 연구하는 방법이다. 물리적 모델에는 실물 모델이나 실물을 축소·확대한 모델 등이 있으며 앞서 언급한 책상의 레이아웃을 정한 예는 가장 가까운 예이다.

수학적 모델을 사용한 실험은 매우 많은 수치를 다루어 계산도 복잡하기 때문에 컴퓨터를 사용하는 것이 보통이다. 여기서는 컴퓨터를 사용하는 시뮬레이션의 개략을 설명한다. 또 OR의 보통 수학적 해법과 시뮬레이션의 차이는 다음 <그림 V-1>과 같다.

OR
(Operation Research)
합리적인 의사결정을 내리기 위해 그 상황에 영향을 미치는 요인들을 계량적으로 분석하여 답을 수학적으로 찾아내려는 경영학의 하나의 최근 경향. 앞에서 잠깐 다뤘던 1차 함수화하는 작업 역시 OR의 일부이다.

● 수학적 해법

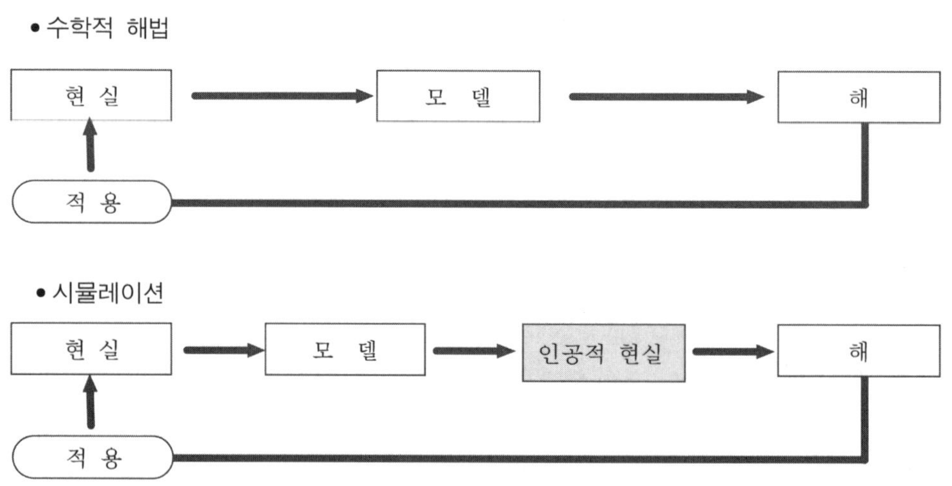

<그림 V-1>   수학적 해법과 시뮬레이션의 차이

✖✖ 진행방법

시뮬레이션을 하는 순서는 다음과 같이 정리할 수 있다.

① 모델을 만든다. 모델 실험이 중심이므로 모델을 확실하게 만드는 것이 시뮬레이션을 성공시키는 열쇠이다.

② 모델의 유효도를 검토한다. 모델을 만들 때 설계한 가정 (假定)의 타당성, 모델의 움직임과 현실 시스템의 움직임의 대응 상태 등을 검토한다.

③ 컴퓨터 프로그램을 만든다. 시뮬레이션용 프로그램이 개발되어 있지만 기존 프로그램을 사용할 수 없는 경우도 많은 것 같다.

④ 실험을 한다. 실험의 목적을 성취하기 위해서 누락되지 않고 솜씨 좋게 실험한다.

⑤ 실험 데이터를 분석한다. 실험에서 얻어진 데이터를 분석하고 현실 시스템을 연구한다.

컴퓨터를 사용하면 짧은 시간에 솜씨 좋게 많은 실험을 할 수 있다. 이렇게 해서 구한 인공적 현실의 데이터는 현실의 모습과 아주 유사하지만 실험횟수를 많이 하면 할수록 현실에 충분히 가까워진다고 생각된다. 시뮬레이션에서는 조건이나 요소를 바꾸어 실험하고 어떠한 상태일 때 결과가 가장 좋은가를 조사하는 것이 가능하다. 이렇게 해서 방정식을 통해 정확히 나타낼 수 없는 현실문제도 시뮬레이션에서 해결할 수 있다. 또한 여러 가지 행동을 단시간에 안전하게 비교할 수도 있다. 이것들이 시뮬레이션의 장점이다.

그러나 모델 조성의 어려움 등, 익숙해지지 않은 사람에게는 취급하기 어렵고 이해하기 어려운 것이 단점이다.

✷✷ 몬테카를로법

예를 들면 슈퍼마켓의 계산대를 줄이면 손님을 기다리게 하고 반대로 늘리면 금전등록기를 놀게 하는 것이 된다. 그러면 몇 대의 계산대를 두는 것이 가장 좋을까? 이러한 기다리는 행렬 문제를 시뮬레이션으로 풀 때에는 몬테카를로법이 이용된다. 이 예를 사용해서 몬테카를로 시뮬레이션의 대략을 설명한다.

우선 지금까지 데이터를 수집하고 분석한다. 즉 각각의 계산을 위한 금전등록기에는 몇 분마다 손님이 오는가, x분 걸러서 오는 비율이 △ 퍼센트라는 따위로 시간간격의 비율을 계산한다. 또한 손님이 계산을 마치고 지불하는 데까지 걸린 시간을 조사하고 그 시간이 a분일 때가 전체의 x퍼센트라는 따위로 횟수 비율을 계산한다. 다음으로 난수표에서 수를 취하여 그 수를 손님이 금전등록기에 오는 간격과 금전등록기의 소요시간으로 바꾸는 것을 반복한다. 이것은 손님이 실제로 금전등록기에 와서 돈을 지불하고 나가는 것과 같은 것을 의미한다. 이렇게 해서 얻은 데이터를 사용해서 금전등록기가 한 대일 때의 손님이 기다리는 시간의 합계와 금전등록기가 노는 시간의 합계를 구할 수 있다.

시뮬레이션의 횟수를 늘리면 손님이 금전등록기에 오는 간격이나 금전

난수표
실험하고자 하는 사람이 조작 없이 무작위의 숫자를 얻기 위해 서로 다른 숫자를 적어놓은 표. 어떠한 원칙도, 경향도 없어야 한다.

등록기에 돈을 지불하는 시간 등의 분포는 현실 분포에 가까이 갈 것이다. 또한 금전등록기를 두 대로 하는 등 조건을 바꿔서 실험하여 결과를 비교하는 깃도 가능하다. 이러한 데이터에 근거해서 비용을 비교하고 금전등록기를 몇 대로 하는 것이 제일 좋은가를 구할 수 있다.

또 시뮬레이션은 경영의 문제 해결에 사용하는 외에 파일럿의 조종훈련, 서비스 창구 등의 좌석예약 시스템이나 교통관리 시스템 등의 체크 등 여러가지 분야에서 활용되고 있다.

2) 메뉴정책에 시뮬레이션이 필요한 이유

아무리 과학적인 방법으로 과거의 Data를 분석하고 고객 및 시장의 변화 추이를 감지하여 메뉴 구성 및 각 메뉴의 가격 등을 의사 결정을 했다고 해서 꼭 원하는 긍정적인 결과를 가져온다는 보장은 없다.

특히, 메뉴란 것은 식당의 상품으로 고객들과 한 약속과 같은 것이므로 중간에 쉽게, 자주 바뀌거나 조정되어 져서도 안 된다. 그러므로 메뉴에 대해 최종결정을 내리고 시행하기 전에 마지막 단계로 검증절차를 거칠 필요가 있다. 일반 제조업과는 확실히 다른 제품 특성을 갖는 외식 비즈니스이기 때문에 더욱 신중한 결정만이 혹시 모를 부작용을 방지할 수 있다.

이러한 검증절차를 도입하여 본 책에서 활용하고자하는 것이 시뮬레이션이다. 즉, 앞에서 진행해 왔던 의사결정을 위한 분석대로 시행했을 때 과연 긍정의 효과가 있는지? 또는 더 나은 효과를 올릴 수 있는 방안은 없는지를 모의 실험을 통해서 미리 검증해보자는 것이다.

3) 메뉴엔지니어링에서 시뮬레이션

시뮬레이션의 전개에 따라 과연 새로운 메뉴 정책이 긍정의 효과를 낼 것인가를 알기 위해서는 새로운 메뉴 정책 시행 전, 후의 예상 효과가 예측되어져야 한다. 즉, 이 예상 효과의 비교가 메뉴엔지니어링에서 시뮬레이션의 근간을 이룬다고 할 수 있다.

　여기에서, 사용되고 있는 용어 하나하나를 살펴보고 정확히 이해한 후 다음으로 넘어가자. 먼저 '효과'란 무엇을 의미하는가? 식당의 경영자에게 궁극적으로 '효과 있다'라고 함은 이익이 많아 졌다는 얘기가 된다. 물론 이익이 많아지기 위해서는 지출이 많아지는 것보다 매출이 오르는 것이 커져야 한다. 그러므로 메뉴엔지니어링에 의한 메뉴 조정이 효과가 있다는 얘기는 매출액이 커지고 이익이 많아질 것이라는 추정이 된다는 것이다.

　가격이 오르면 그 상품에 대한 고객의 선택은 줄어들 것이고, 반대로 가격이 내리면 선택은 많아진다. 이 가격의 변동과 선택의 변동 사이의 관계를 탄력성이라고 표현하는데 이 탄력성이 항상 일정하지 않다는 점에 의미가 있다.

3. 시뮬레이션 프로세스

1) 기본원리

- 일반적으로 가격의 변화에 따라 해당 메뉴에 대한 고객수도 변화함.

  ▷ 임계치(± 10%정도)내에서 고객 수 변화율은 가격 변화율의 70% 정도로 나타남.

  ex) 갈비 10,000원/인분 →11,000원(1,000원, 10%인상)일 경우

  고객 수 500명/월 → 500명 - (500 × 0.07)=465명/월

  ▷ 임계치 근처에서는 가격 탄력성 0.7~1. 임계치 초과의 경우 가격 탄력성 1 초과(경험적 가정 수치)

  - 전체 메뉴의 평균가는 유지, 기존 메뉴들에 대한 총 고객수도 유지된다고 전제.

- 하나의 메뉴가 조정되면 판매수량 구성비 비율에 비례하여 다른 메뉴에서 영향을 미침.

  ex) 아래의 예제에서처럼 소불덮밥의 가격을 500원 인상(6000 → 6,500원, 8.3% 임계치내)했다면, 판매량은 가격 인상률의 70%인 5.8%만큼 줄어들게 되고 (−1,123)그만큼이 다른 두 메뉴인 설렁탕과 카레라이스로 영향을 미쳐 많이 팔린다는 것이다. 이때 영향을 미치는 비율이 판매량 비율인 8,204 : 12,709라는 것이다.

  ▷ 그러므로, 메뉴의 탈락이나 신규메뉴의 도입이 없는 경우 전체 판매량의 변화는 없음.

- 메뉴의 탈락/신규 메뉴 도입

▷ 탈락 메뉴는 가격에는 영향을 미치지 않고 판매량만 그 메뉴의 판매된 만큼만 다른 메뉴로 영향.

▷ 신규메뉴 도입시 예상 판매량을 MM기준의 50%로 가정.

(즉, 그럴 수 있는 메뉴만 신규 진입시켜야함)

* 임계치란 ?

어떤 사물이나 상황에 강도를 점점 세게(혹은 약하게) 자극을 주면 어느 지점에서부터 그 성질이나 특성이 변하게 된다. 예를 들어 물의 온도를 점점 내리면 0℃가 되는 시점부터 얼어서 고체가 되기 시작한다. 또 다른 예로, 사람들이 많이 모여 있는 실내체육관의 온도를 점점 높이면 대략 25℃ 이상부터는 외투를 벗기 시작한다. 이때, 변화를 나타내는 그 지점(온도)을 임계치라고 한다. 본문에서 사용된 임계치란 말은, 가격을 조금씩 점차 올렸을 때 고객들은 반응을 보이기는 하지만 어느 시점까지는 고객들이 그 인상폭보다 낮게 반응하다가 어느 시점 이상이 되면 가격 인상폭 이상으로 고객이 줄어들게 되는데 이 지점을 임계치라고 한다.

* 가격탄력성이란?

시장에서 거래되는 상품을 사고자하는 수요자와 팔고자 하는 공급자의 균형점에서 가격이 형성된다. 만약 공급자가 가격을 인상 할 경우 당연히 수요자는 줄어들게 된다. 하지만 모든 상품이 똑같은 정도로 가격대비 수요가 변하지 않는다. 이러한 이유 때문에 탄력성이란 개념이 생겨났다. 또한, 가격 변동 비율에 따라 정비례하여 수요가 변하지도 않는다.

일반적으로, $\dfrac{\text{수요변화율}}{\text{가격변화율}} = 1$일 때를 기준으로 1보다 크면, 즉 수요변화가 가격변화보다 클 때에는 탄력성이 크다. 그 반대일 때에는 탄력성이 작다고 한다.

2) 시뮬레이션 원리 이해를 위한 실질 계산 과정

앞에서 메뉴전략 시뮬레이션 원리에 대해서 개략적으로 설명은 하였지만 아직 완전히 이해가 되기 힘들 것이다. 여기에서는 간단한 사례를 들어 그 계산 과정을 자세히 설명하도록 하겠다. 물론 현실의 식당에서는 메뉴도 많고 복잡하기 때문에 설계된 프로그램을 이용하여 간단히 결과를 볼 수 있도록 해야 하지만, 그 과정에 대한 이해 없이는 결과에 대한 해석도 힘들다.

ABC 식당의 2003년도 실적이 다음과 같고 메뉴엔지니어링 결과 의사결정을 내렸다고 가정하여 보자.

<참고 V-3> 메뉴엔지니어링 의사결정 I

메뉴명	판매가	판매량	매출액 (천원)	마진 (천원)	의사결정	비고
소불덮밥	6,000	19,372	116,232	69,836	가격인상	+ 500
설렁탕	5,500	8,204	451,222	27,377	가격인하	-500
카레라이스	5,000	12,709	63,545	40,465	유지	·
계		40,285	224,899	137,678	·	

자, 위와 같은 결정을 하여 시행하였을 때 과연 수익개선 효과가 있을 것인가?

(1) 가격조정

메뉴엔지니어링을 전개하여 V편 1까지의 각 메뉴에 대한 분석결과 소불 덮밥은 가격인상, 설렁탕은 가격인하, 카레라이스는 현행 유지하는 것으로 의사결정이 내려졌다고 가정한다. 그런 후 <참고 V-3>의 표를 좀 더 세부적으로 그려보면 다음과 같다.

<참고 V-4> 메뉴엔지니어링 의사결정 II

메뉴명	실적				의사결정		*1 조정률	*2판매량 변화예측(계산법)
	판매가격	판매수량	매출	마진	방법	조정		
소불덮밥	6,000	19,372	116,232	69,836	가격인상	+500	↑0.083	A
설렁탕	5,500	8,204	451,222	27,377	가격인하	-500	↓0.091	B
카레라이스	5,000	12,709	63,545	40,465	현행유지	0	0	C
계		40,285	224,899	137,678	-	-	-	

*1. 조정률 : 의사결정에서의 조정된 가격의 인상/인하 비율을 말한다. 즉, 소불덮밥 6,000원의 가격에서 6,500원으로 인상되었으므로 6,500 - 6,000=500, 500원은 6,000원의 몇 %인가?

→ 500 ÷ 6,000 = 0.083(8.3%) 설렁탕은 5,500 → 5,000 그러므로 500÷5,500=0.091(9.1%)

*2. '1) 기본원리'에서 언급했던 내용을 참고하면서 계산식을 전개하여 보자.

먼저 각 메뉴의 판매량 변화 예측 계산 과정을 A, B, C라고 하자.

A. 소불덮밥

가격이 0.083 만큼 인상되었으므로 그 70%인(0.083×0.7) 0.058만큼 판매량이 감소한다. 따라서 실적이었던 판매량 19,372에서 0.058이 감소한(-1.123) 18.249가 된다.

또한, 설렁탕에서 가격인하로 인해 증가한 판매량 예측치 만큼 나머지 두 메뉴가 실적 판매량 비율만큼 나눠 받고 그만큼 판매량 감소가 이뤄진다.

계산하면, 설렁탕의 판매량 증가 예측치+525

소불덮밥과 카레라이스의 판매량 구성비 19.372 : 12,709 ≒ 60% : 40% 525를 6:4로 나누면, 315 : 210

따라서, 소불덮밥은 판매량 예측치에 −315의 영향을 받는다.

총 판매량 예측치는 18,249−315＝17,934

B. 설렁탕

A와 같은 방법으로, 가격인하로 ＋525의 판매량 증가예상.

소불덮밥의 가격인상에 의한 판매량 감소분을 카레라이스와 판매량 구
성비인 8,204 : 12,709 ≒ 39.2% : 60.8%의 비율로 옮겨진다.

따라서, 1,123의 39.2%인 440만큼 증가한다.

총판매량 예측치는 8,204＋525＋440＝9,169

C. 카레라이스

계산하면 12,709−210＋683＝13,182

이를 정리하여 개선효과가 있을지를 실측치와 비교하여 보자.

(2) 메뉴 탈락 / 신 메뉴 대체

가격조정에서 예제로 다뤘던 ＜참고 Ⅴ-3＞에 추가적으로 하나의 메뉴
가 더 있었다고 가정하고 그 메뉴를 탈락시키고 새로운 메뉴로 대체했을
때의 변화를 예측하는 계산과정을 다뤄보자('3) 추정 효과 계산' 참고).

＜참고 Ⅴ-5＞　변화 예측계산 과정

메뉴명	판매가	판매량	매출액(천원)	마진(천원)	의사결정	비고
소불덮밥	6,000	19,372	116,232	69,836	인상	＋500
설렁탕	5,500	8,204	45,122	27,377	인하	−500
카레라이스	5,000	12,709	63,545	40,465	유지	·
떡만두국	4,500	7,425	33,413	20,382	탈락/대체	김치볶음밥
계	·	47,710	258,312	158,060	·	·

위 표를 세부적으로 그려보면 다음과 같다.

<참고 V-6> 세부적 구성

메뉴명	실적				의사결정		*1 조정률	*2 판매량변화
	판매가격	판매수량	매출액	마진	방법	조정		
소불덮밥	6,000	19,372	116,232	69,836	가격인상	+ 500	↑0.083	A
설렁탕	5,500	8,204	45,122	27,377	가격인하	−500	↓0.091	B
카레라이스	5,000	12,709	63,545	40,465	유지	·	·	C
떡만두국	4,500	7,425	33,413	20,382	탈락	·	·	D
김치볶음밥	5,000(예정)	·	·	·	신규	·	·	E
계		47,710	258,312	158,060	·			

*1. 조정률 : 가격조정에서와 동일

*2. 변화예측 예산법

① 먼저 탈락메뉴는 빼고 신 메뉴는 고려하지 않는 상태에서 계산한다('가격 조정'과 동일).

② 탈락 메뉴의 매출수량은 남은 메뉴에 각 메뉴의 판매 수량 비율만큼씩 나눠서 영향을 미쳐 그 양만큼 더 팔리는 것으로 계산하다. 이때에도 신규 메뉴는 고려하지 않는다. 위의 예제에서 보면, 떡 만두국이 탈락하면서 그 매출 수량인 7,425가 소불덮밥, 설렁탕, 카레라이스에 19,372 : 8,204 : 12,709의 비율로 더 팔리도록 하는 영향을 미친다.

③ 신규도입메뉴는 '기본원리'에서 설명하였듯이 MM의 50%로 추정하므로, 위의 예제에서 본다면 탈락메뉴를 제외한 총 판매수량인 40,285 ÷ 4 × 0.7 × 0.5 = 3,525가 된다. 이 매출수량이 새로이 발생한다고 가정했으므로 탈락한 메뉴를 제외한 나머지 메뉴의 매출수량 비율 만큼씩 매출수량이 줄어든다.

이렇게 계산하는 과정을 각 메뉴의 판매량 변화에 대비하여 보자.

가. ①에서 17,934

②에서 소불덮밥 판매수량 비중이 48.1%이므로

7,425×0.481＝3,571만큼 판매수량 증가,

따라서 17,934＋3,571＝21,505

③에서 소불덮밥 판매수량 비중 48.1%만큼 감소

(3,525×0.481＝1,696)

따라서 21,505-1,696＝19,809

⇒A. 즉 소불덮밥의 판매수량 예측치는 19,809

나. ①에서 9,169

②에서 설렁탕의 판매수량 비중이 20.4%이므로

7,425×0.204＝1,515만큼 판매수량 증가,

따라서 9,169＋1,515＝10,684

③에서 설렁탕의 판매수량 비중 20.4%만큼 감소(3,525×0.204

＝719) 따라서 10,684-719＝9,965

⇒B. 즉 설렁탕의 판매수량 예측치는 9,965

다. ①에서 13,282

②에서 카레라이스의 판매수량 비중이 31.5%이므로

7,425×0.315＝2,338만큼 판매수량 증가,

따라서 13,282＋2,338＝15,620

③에서 카레라이스의 판매수량비중 31.5%만큼 감소(3,525×0.315

＝1,110)따라서 15,620-1,110＝14,510

⇒C. 즉 카레라이스의 판매수량 예측치는 14,510

라. 탈락메뉴이므로 0.

마. 신규 진출 메뉴이므로 3,525

총 판매수량 예측치는 47,809가 된다. 이는 판매수량 실적과 조금 차이 가날 수 있는데 탈락/신규 메뉴 도입 등의 과정에서 불가피하다. 하지만, 계산 후 총 판매수량 변화가 1%이상 생기게 되면 문제가 되며 다시 재조정 해야한다.

3) 추정 효과 계산

계산과정에서 풀어낸 결과들을 기초하여 추정 효과를 계산하여 보자.

<참고 V-7>　추정효과 계산 I

메뉴명	실적				조정 후 예측치				효과	
	가격	판매량	매출액	마진	가격	판매량	매출액	마진	매출	마진
소불덮밥	6,000	19,372	116,232	69,836	6,500	17,934	116,571	73,619	339	3,783
설렁탕	5,500	8,204	451,222	27,377	5,000	9,169	45,845	26,012	723	1,364
카레라이스	5,000	12,709	63,545	40,465	5,000	13,182	65,910	41,971	2365	1,506
계		40,285	224,899	137,678	·	40,285	228,326	141,603	3,427	3,925

⇒ 결론적으로 소불덮밥은 500원 인상하고 설렁탕은 500원 인하하였
을 때 약 350만원의 매출액 신장효과와 400만원의 마진 증진 효과
가 있다.

<참고 V-8>　추정효과 계산 II

메뉴명	실적				조정 후 예측치				효과	
	가격	판매량	매출액	마진	가격	판매량	매출액	마진	매출액	마진
소불덮밥	6,000	19,372	116,232	69,836	6,500	19,497	126,731	76,039	10,499	6,203
설렁탕	5,500	8,204	45,122	27,377	5,000	9,832	49,160	29,496	4,038	2,119
카레라이스	5,000	12,709	63,545	40,465	5,000	14,305	71,525	45,061	7,980	4,596
떡만두국	4,500	7,425	33,413	20,382	·	·	·	·		
김치볶음밥	·	·	·	·	5,000	4,175	20,875	12,734		
		47,710	258,312	158,060		47,809	268,291	163,330	9,979	5,279

⇒ 결과적으로 매출액에서는 약 1,000만원(3.9%), 마진에서는 약
500만원(3.2%) 정도의 효과가 예측된다.

4) 작업시트

<메뉴 종합 실적표>

메뉴명		가격/원가			판매수량/매출액		

구분	정적 분석 결과	시계열별 실적						계절성 분석				정성적 요인			종합 평가
		-3년 상반	-3년 하반	-2년 상반	-2년 하반	-1년 상반	-1년 하반	봄	여름	가을	겨울	품질	시장	생산	
분석 결과															
1차 판단															

메뉴명		가격/원가			판매수량/매출액		

구분	정적 분석 결과	시계열별 실적						계절성 분석				정성적 요인			종합 평가
		-3년 상반	-3년 하반	-2년 상반	-2년 하반	-1년 상반	-1년 하반	봄	여름	가을	겨울	품질	시장	생산	
분석 결과															
1차 판단															

<평가 및 조정표(1차 의사결정)>

메뉴명	판정등급	조정 사항			대체 메뉴 (가격/원가)	비고
		가 격	원 가	기 타		

<시뮬레이션을 위한 의사결정표-I>

메뉴명	판매가	판매량	매출액	마진	의사결정	비고
계						

<시뮬레이션을 위한 의사결정표-II>

메뉴명	실적				의사결정		*1 조정률	*2 판매량변화
	판매가격	판매수량	매출액	마진	방법	조정		
계								

<실적대비 추정 효과 계산표>

메뉴명	실적				조정 후 예측치				효과	
	가격	판매량	매출액	마진	가격	판매량	매출액	마진	매출	마진
계										

4. 결과 해석 및 실행

　시뮬레이션 과정을 진행하여 그 예측 효과를 보면 매출액의 변화와 마진의 변화가 나타나는 것을 볼 수 있다. 여기에는 어느정도의 식재료 원가 추가 투입이나, 인건비 추가 발생이 있다. 그리고, 이런 예측치 보다 낮은 효과가 나타날 가능성은 많다. 따라서 시뮬레이션에 의한 효과가 어느 정도의 기준 이상일 때 실행하는 것이 바람직하며 그렇지 못할 경우 가격 조정, 신 메뉴 도입 등의 프로세스부터 다시 해야 한다.

　그렇다면 어느 만큼의 효과가 발생해야 실행 할 수 있을까?

　일정한 원칙은 없지만 매출 규모가 작을수록 아래 실행 기준 값의 비율보다 높아야 하며 매출 규모가 큰 사업자의 경우 낮아도 실행 가능하다. 하지만 아무리 적어도 실행 기준 값의 절반이상은 되어야 한다.

실행 기준값

매출액 향상 효과(%)＋마진 향상 효과(%)＝ 5%

　※ 매출액 향상 효과가 2% 이상은 되어야 함.

　앞의 예제에서 가격 조정만을 시행한 ＜참고 V-8＞에서는 매출액이 350만원 신장(약 1.6%), 마진이 400만원(약 2.8%)이므로 채택 및 실행을 신중히 고려하여 재검토해보는 것이 바람직하다. 기존 메뉴 탈락 및 신규 메뉴를 도입한 ＜참고 V-9＞에서는 합계 7%가 넘게 신장하는 것으로 예측되어 실행해도 된다.

5. 사례 연구 및 모의 문제

1) 사례 연구

　　II장에서 예제로 다루었던 고기전문식당 '대한정'을 사례로 연구하여보자. 기본적인 영업실적을 p.86를 참고하여 보도록 하자.

　　먼저 의사결정을 내리기 위한 최종적인 단계인 메뉴별 종합 시트표를 만들고 의사결정 방향을 내린다. 여기에는 4분면 기법의 계량적 분석 결과를 제외한 나머지 자료들 즉, 동적분석 결과, 정성적 결과 등은 임의대로 가정하였다.

메뉴명	판매량	원가	판매가격	CM (기여마진)	MM (판매량구성비)	4분면 결과	순위법 결과	종합 결과
삼겹살	6,000	2,500	6,000	L	H	PH	1	B
돼지갈비	3,000	2,200	5,000	L	H	PH	4	D
목살	1,000	1,800	4,500	L	L	Dog	2	E
불고기	600	3,000	7,000	L	L	Dog	5	G
등심	2,000	6,000	12,000	H	H	Star	2	B
모듬구이	400	4,500	10,000	H	L	Puz	6	F

메뉴명	삼겹살		가격 /원가		6,000 / 2,500			판매수량 /매출액			6,000 / 3,600,000			
구분	정적 분석 결과	시계열별 실적						계절성 분석				정성적 요인			종합 평가
		-3년 상반	-3년 하반	-2년 상반	-2년 하반	-1년 상반	-1년 하반	봄	여름	가을	겨울	품질	시장	생산	
분석 결과	B	B	B	C	B	A	B	B	B	B	B	우	우	미	유지
1차 판단	유지	특이사항 없음										정상			

메뉴명	돼지갈비		가격/원가	5,000 / 2,200			판매수량/매출액		3,000 / 1,500,000			

구분	정적 분석 결과	시계열별 실적						계절성 분석				정성적 요인			종합 평가
		-3년 상반	-3년 하반	-2년 상반	-2년 하반	-1년 상반	-1년 하반	봄	여름	가을	겨울	품질	시장	생산	
분석 결과	D	E	D	D	D	C	C	D	D	D	D	미	우	양	조정
1차 판단	조정	추이↑										생산요소 문제			

메뉴명	목살		가격/원가	4,500 / 1,800			판매수량/매출액		1,000 / 450,000			

구분	정적 분석 결과	시계열별 실적						계절성 분석				정성적 요인			종합 평가
		-3년 상반	-3년 하반	-2년 상반	-2년 하반	-1년 상반	-1년 하반	봄	여름	가을	겨울	품질	시장	생산	
분석 결과	E	E	D	D	E	E	E	E	D	E	E	양	미	미	조정
1차 판단	조정	특이사항 없음										품질요소 불량			

메뉴명	불고기		가격/원가	7,000 / 3,000			판매수량/매출액		600 / 420,000			

구분	정적 분석 결과	시계열별 실적						계절성 분석				정성적 요인			종합 평가
		-3년 상반	-3년 하반	-2년 상반	-2년 하반	-1년 상반	-1년 하반	봄	여름	가을	겨울	품질	시장	생산	
분석 결과	G	G	F	F	G	G	G	G	G	G	E	미	양	우	특화
1차 판단	탈락	겨울 ↑										생산요소 우수			

메뉴명	등심	가격 /원가	12,000 / 6,000		판매수량 /매출액	2,000 / 2,400,000							

구분	정적 분석 결과	시계열별 실적						계절성 분석				정성적 요인			종합 평가
		-3년 상반	-3년 하반	-2년 상반	-2년 하반	-1년 상반	-1년 하반	봄	여름	가을	겨울	품질	시장	생산	
분석 결과	B	A	A	B	B	B	C	B	B	B	B	우	미	우	유지
1차 판단	유지	시계열↓										시장요소 위험			

메뉴명	모듬구이	가격 /원가	10,000 / 4,500		판매수량 /매출액	400 / 400,000							

구분	정적 분석 결과	시계열별 실적						계절성 분석				정성적 요인			종합 평가
		-3년 상반	-3년 하반	-2년 상반	-2년 하반	-1년 상반	-1년 하반	봄	여름	가을	겨울	품질	시장	생산	
분석 결과	F	E	F	F	E	F	F	F	E	F	F	미	양	미	탈락
1차 판단	탈락	특이사항 없음										시장요소 불량			

메뉴명	판정등급	조정 사항			대체 메뉴 (가격/원가)	비고
		가 격	원 가	기 타		
삼겹살	유지	·	·	·	·	·
돼지갈비	조정	+ 500	·	·	·	·
목살	조정	- 500	·	·	·	·
불고기	특화	·	·	·	·	계산에서 제외
등심	유지	·	·	·	·	·
모듬구이	탈락	·	·	·	곱창전골 (8,000 / 3,500)	·

메뉴명	실적				의사결정		*1 조정률	*2판매량 변화예측(계산법)
	판매가격	판매수량	매출	마진	방법	조정		
삼겹살	6,000	6,000	36,000,000	21,000,000	유지			A
돼지갈비	5,000	3,000	15,000,000	8,400,000	조정	+ 500	↑0.10	B
목살	4,500	1,000	4,500,000	2,700,000	조정	-500	↓0.11	C
불고기	7,000	600	4,200,000	2,400,000	특화			D
등심	12,000	2,000	24,000,000	12,000,000	유지			E
모듬구이	10,000	400	4,000,000	2,200,000	탈락			F
곱창전골	8,000				신규			G
계		7,000						

⁂ 판매량 변화예측-계산법

가. 기본원리대로 계산(탈락메뉴제외. 신규메뉴 고려안함)

- 돼지갈비 0.10 인상 → 70%인(0.10×0.7) = 0.07만큼 판매량 감소
  → 3,000×0.07 = 210감소 → <u>돼지갈비 2,790</u>
  → 210은 나머지 메뉴인 삼겹살 : 목살 : 등심의 판매비율인 6,000 : 1,000 : 2,000의 비율로 증가(67% : 11% : 22%)
  → **삼겹살 141, 목살 23, 등심 46 증가**
- 목살 0.11인하 →70%인 (0.11×0.7)= 0.077만큼 판매량 증가
  → 1,000×0.077 = 77증가 → <u>목살 1,077</u>
  → 77은 나머지 메뉴인 삼겹살 : 돼지갈비 : 등심의 판매비율인 6,000 : 1,000 : 2,000의 비율로 감소(54.5%:27.3%:18.2%)
  → **삼겹살 42, 돼지갈비 21, 등심 14 감소**

나. 탈락메뉴 고려

- 불고기 600 → 나머지 메뉴인 삼겹살 : 돼지갈비 : 목살 : 등심의 판매 비율인 6,000 : 3,000 : 1,000 : 2,000의 비율로 증가 (50.0% : 25.0% : 8.3% : 16.7%)

→ 삼겹살 300, 돼지갈비 150, 목살 50, 등심 100 증가

- 모듬구이 400 → 불고기와 같은 방법으로

→ **삼겹살 200, 돼지갈비 100, 목살 33, 등심 67 증가**

다. 신규메뉴 도입

- MM=13,000 / 4(잔류 메뉴 수)×0.7=2.275의 50%인 1,138만큼
팔릴 것으로 예측

따라서, 탈락메뉴와 같은 방법으로 계산하되 감소 영향

→ **삼겹살 569, 돼지갈비 285, 목살 94, 등심 189 감소**

라. 메뉴별 계산

A. 삼겹살

$$실적\ 6,000 + \frac{141 - 42}{가} + \frac{300 + 200}{나} - \frac{569}{다} = 6,030$$

B. 돼지갈비

$$실적\ 3,000 + \frac{2,790 - 21}{가} + \frac{150 + 100}{나} - \frac{285}{다} = 2,734$$

C. 목살

$$실적\ 1,000 + \frac{1,077 + 23}{가} + \frac{50 + 33}{나} - \frac{94}{다} = 1,089$$

D. 불고기

고려제외 → 0

E. 등심

$$실적\ 2,000 + \frac{46 - 14}{가} + \frac{100 + 67}{나} - \frac{189}{다} = 2,010$$

F. 모듬구이

탈락 → 0

G. 곱창전골

다. 에서 1,138로 예측

메뉴명	실적				조정 후 예측치 (단위 : 천)				효과 (단위 :천)	
	가격	판매량	매출액 (단위 : 천)	마진 (단위 : 천)	가격	판매량	매출액	마진	매출	마진
삼겹살	6,000	6,000	36,000	21,000	6,000	6,030	36,180	21,105	180 ↑	105 ↑
돼지갈비	5,000	3,000	15,000	8,400	5,500	2,734	15,037	9,022	37 ↑	622 ↑
목살	4,500	1,000	4,500	2,700	4,000	1,084	4,356	2,396	144 ↓	304 ↓
불고기	7,000	600	4,200	2,400	-	0	0	0	4,200 ↓	2,400 ↓
등심	12,000	2,000	24,000	12,000	12,000	2,010	24,120	12,060	120 ↑	60 ↑
모듬구이	10,000	400	4,000	2,200	곱·전 8,000	1,138	9,104	5,121	5,104 ↑	2,921 ↑
계		잘못된 계산식	잘못된 계산식	잘못된 계산식		13,001	88,797	49,704	1,097 ↑	1,004 ↑

- 매출액은 1,097,000 증가로 87,700,000(실적)의 1.25% 증가

  마진은 1,004,000 증가로 48,700,000(실적)의 2.06% 증가

→ 이런 예측치가 나타날 경우 그대로 실행했을 경우 위험부담이 있다.
최소한 매출 증가율＋마진 증가율이 5%가 넘고 그중에서 매출 증가율은
2% 이상 되어야 안전하다.

2) 모의 문제

각 문제에서 1차 의사결정까지의 과정은 생략하였다. 다음의 모의문제
를 보고 1차 의사결정 이후 과정을 전개하시오.

모의문제 1

'양반댁'메뉴엔지니어링 계량 분석결과

메뉴명	판매량	원가	판매가	CM	MM	4분면결과	순위법결과	종합결과
생갈비	1,650	9,000	18,000	H	H	Star	3	B
생등심	960	9,500	20,000	H	H	Star	4	C
차돌박이	730	8,000	15,000	L	H	PH	7	E
양념갈비	2730	7,000	15,000	L	H	PH	1	B
모듬구이	430	8,500	16,000	L	L	Dog	5	F
너비아니	150	10,500	18,000	L	L	Dog	8	G
불고기	270	5,500	12,000	L	L	Dog	6	F
불낙전골	1400	6,500	14,000	L	H	PH	2	C

'양반댁'메뉴의 평가 및 조정표

메뉴명	판정등급	조정사항			대체메뉴(가격/원가)	비고
		가격	원가	기타		
생갈비	유지	–	–	–		
생등심	유지	–	–	–		′
차돌박이	조정	+ 1,000				
양념갈비	유지	–	–	–		
모듬구이	조정	–1,000				
너비아니	탈락	–	–	–	대체하지 않음	
불고기	탈락	–	–	–	안창살(14,000/6,000)	
불낙전골	유지	–	–	–		

모의문제 2

'춘향골'메뉴엔지니어링 계량분석 결과

메뉴명	판매량	원가	판매가	CM	MM	4분면결과	순위법결과	종합결과
곰탕	3,500	1,600	4,000	L	H	PH	2	C
설렁탕	1,600	1,700	4,000	L	H	PH	5	D
육개장	700	1,800	4,500	H	L	Puz	8	F
꼬리곰탕	900	2,700	6,000	H	L	Puz	7	E
도가니탕	300	3,200	8,000	H	L	Puz	9	F
우거지탕	7,500	1,200	3,500	L	H	PH	1	B
해장국	3,000	1,400	4,000	H	H	Star	3	B
감자탕	600	1,900	5,000	H	L	Puz	5	E
김치전골	1,700	2,100	5,500	H	H	Star	4	B

'춘향골'메뉴의 평가 및 조정표

메뉴명	판정등급	조정사항			대체메뉴(가격/원가)	비고
		가격	원가	기타		
곰탕	유지	–	–	–		
설렁탕	유지	–	–	–		
육개장	탈락	–	–	–	사골뚝배기 (5,000/2,200)	
꼬리곰탕	조정	+ 500	–	–		
도가니탕	탈락	–	–	–	돌솥밥(6,000/2,600)	
우거지탕	유지	–	–	–		
해장국	유지	–	–	–		
감자탕	조정	–500	–	–		
김치전골	유지	–	–	–		

부 록

1. 모의 문제 답안

1) Ⅱ장 모의 문제 답안

① 모의 문제 1.

✲✲ 4분면 시트

메뉴명	판매량	판매 구성비율(%)	원가	판매가격	개당마진	총원가	총 매출액	총 마진	CM	MM	평가
소고기덮밥	2,300	13.1	1,500	3,500	2,000	3,450,000	8,050,000	4,600,000	L	H	PH
제육덮밥	1,200	6.8	1,300	3,000	1,700	1,560,000	3,600,000	2,040,000	L	L	Dog
참치덮밥	1,000	5.7	1,000	3,000	2,000	1,000,000	3,000,000	2,000,000	L	L	Dog
잡채덮밥	2,000	11.4	1,500	3,500	2,000	3,000,000	7,000,000	4,000,000	L	H	PH
오징어 덮밥	1,000	5.7	1,400	3,000	1,600	1,400,000	3,000,000	1,600,000	L	L	Dog
오므라이스	2,500	14.2	1,300	3,500	2,200	3,250,000	8,750,000	5,500,000	H	H	Star
해물덮밥	2,000	11.4	1,800	3,500	1,700	3,600,000	7,000,000	3,400,000	L	H	PH
돈까스덮밥	2,700	15.3	1,700	4,000	2,300	4,590,000	10,800,000	6,210,000	H	H	Star
야채덮밥	1,100	6.3	1,300	3,500	2,200	1,430,000	3,850,000	2,420,000	H	L	PUZ
버섯덮밥	1,800	10.2	2,000	4,000	2,000	3,600,000	7,200,000	3,600,000	L	H	PH
Total	17,600	100.0				26,880,000	62,250,000	35,370,000			

총 원가율 : 43.2%　　　CM : 2044　　　MM : 7%

☆☆ 4분면 그래프

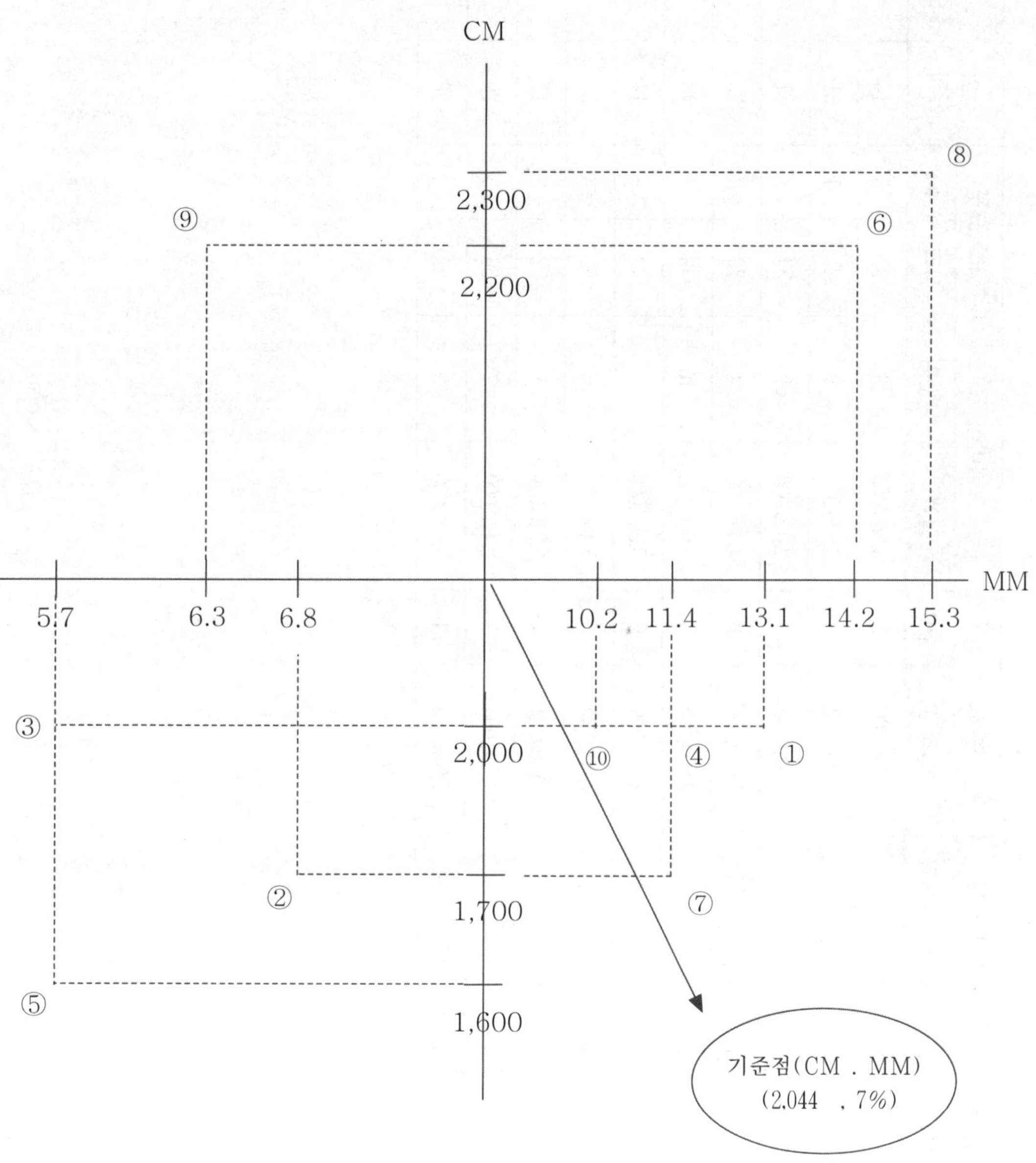

✽✽ 순위법

메뉴명	판매수량		원가율(%)		총매출액		총마진		노동요구		순위 합계	총 순위
	실적	순위	실적	순위	실적	순위	실적	순위	실적	순위		
소고기덮밥	2,300	3	42.3	4	8,050,000	3	4,600,000	3	32	3	16	2
제육덮밥	1,200	7	43.3	7	3,600,000	8	2,040,000	8	27	1	31	7
참치덮밥	1,000	9	33.3	1	3,000,000	9	2,000,000	9	34	4	31	7
잡채덮밥	2,000	4	42.9	6	7,000,000	5	4,000,000	4	78	10	29	5
오징어 덮밥	1,000	9	46.7	8	3,000,000	9	1,600,000	10	46	7	43	10
오므라이스	2,500	2	37.1	2	8,750,000	2	5,500,000	2	42	6	14	1
해물덮밥	2,000	4	51.4	10	7,000,000	5	3,400,000	6	62	8	33	9
돈까스덮밥	2,700	1	42.5	5	10,800,000	1	6,210,000	1	72	9	17	3
야채덮밥	1,100	8	37.1	2	3,850,000	7	2,420,000	7	36	5	29	5
버섯덮밥	1,800	6	50	9	7,200,000	4	3,600,000	5	29	2	26	4

종합법

메뉴명	메뉴엔지니어링 결과	순위법 결과(종합판정 %)		종합판정
소고기덮밥	PH	2	(20%)	C
제육덮밥	Dog	7	(70%)	F
참치덮밥	Dog	7	(70%)	F
잡채덮밥	PH	5	(50%)	D
오징어 덮밥	Dog	10	(100%)	G
오므라이스	Star	1	(10%)	A
해물덮밥	PH	9	(90%)	E
돈까스덮밥	Star	3	(30%)	B
야채덮밥	PUZ	5	(50%)	E
버섯덮밥	PH	4	(40%)	C

의사결정

메뉴명	메뉴엔지니어링 결과	종합판정	결과해석	의사결정
소고기덮밥	PH	C	현행유지	원가를 낮춘다.
제육덮밥	Dog	F	메뉴 탈락 후 대체 메뉴	원가를 낮추며, 홍보로 판매량을 늘린다.
참치덮밥	Dog	F	메뉴 탈락 후 대체 메뉴	'신메뉴 구상' 홍보로 판매량을 늘린다.
잡채덮밥	PH	D	필수 조정 대상	원가를 낮추고, 조리를 간편화한다.
오징어 덮밥	Dog	G	메뉴 탈락 후 대체 메뉴	'신메뉴 구상' 원가를 낮추고, 홍보로 판매량을 늘린다.
오므라이스	Star	A	대표 메뉴로 마케팅	원가를 낮추고, 조리를 간편화 한다.
해물덮밥	PH	E	필수 조정 대상	원가를 낮추고, 조리를 간편화 한다.
돈까스덮밥	Star	B	현행유지	등급을 Star로 올리기 위해, 원가를 낮추고, 조리를 간편화한다.
야채덮밥	PUZ	E	필수 조정 대상	원가를 낮추고 홍보로 판매량을 늘린다.
버섯덮밥	PH	C	현행유지	원가를 낮추고 홍보로 판매량을 늘린다.

② 모의 문제 2

✳✳ 4분면 시트

메뉴명	판매량	판매 구성비율(%)	원가	판매가격	개당마진	총원가	총 매출액	총 마진	CM	MM	평가
까르보나라	312	15.9	4.500	9.900	5.400	1.404.000	3.088.800	1.684.800	L	H	PH
미트소스 스파게티	226	11.5	3.700	8.900	5.200	836.200	2.011.400	1.175.200	L	H	PH
치즈오븐 스파게티	137	7.0	4.000	9.500	5.500	548.000	1.301.500	753.500	L	H	PH
미고랭	212	10.8	5.000	11.000	6.000	1.060.000	2.332.000	1.272.000	H	H	Star
해물크림 스파게티	113	5.7	4.500	9.500	5.000	508.500	1.073.500	565.000	L	L	Dog
커리크림 스파게티	214	10.9	3.900	9.500	5.600	834.600	2.033.000	1.198.400	L	H	PH
미트볼 스파게티	112	5.7	3.700	8.900	5.200	414.400	996.800	582.400	L	L	Dog
버섯 스파게티	103	5.2	4.200	9.900	5.700	432.600	1.019.700	587.100	H	L	PUZ
햄 스파게티	119	6.1	3.800	9.500	5.700	452.200	1.130.500	678.300	H	L	PUZ
김치 스파게티	245	12.5	4.500	11.000	6.500	1.102.500	2.695.000	1.592.500	H	H	Star
마파두부 스파게티	173	8.8	4.300	10.500	6.200	743.900	1.816.500	1.072.600	H	H	Star
Total	1.966	100.0				8.336.900	19.498.700	11.161.800			

총 원가율 : 42.8%　　　CM : 5677　　　MM : 6.4%

※ 4분면 그래프

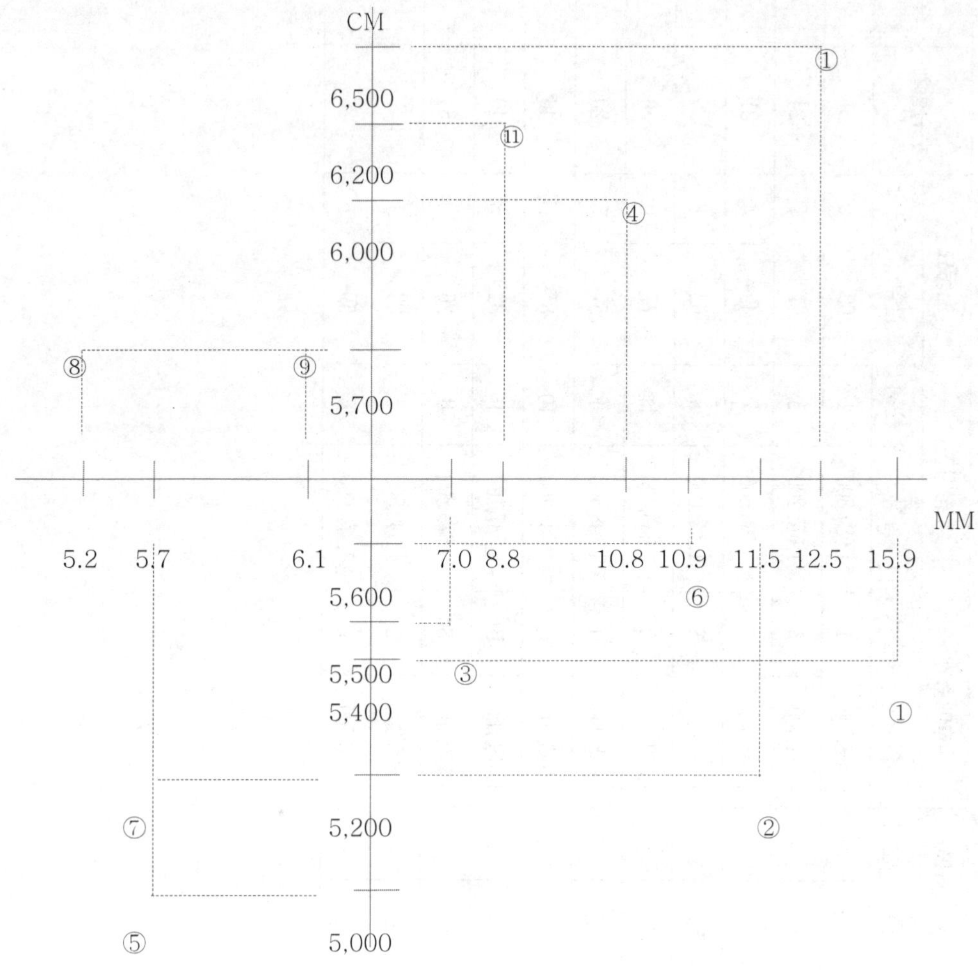

1 : 까르보나라
2 : 미트소스 스파게티
3 : 치즈오븐 스파게티
4 : 미고랭
5 : 해물크림 스파게티
6 : 커리크림 스파게티
7 : 미트볼 스파게티
8 : 버섯 스파게티
9 : 햄 스파세티
10 : 김치 스파게티
11 : 마파두부 스파게티

✳✳ 순위법

메뉴명	판매수량		원가율(%)		총매출액		총마진		노동요구		순위합계	총 순위
	실적	순위	실적	순위	실적	순위	실적	순위	실적	순위		
까르보나라	312	1	45.5	9	3,088,800	1	1,684,800	1	69	9	21	3
미트소스 스파게티	226	3	41.6	4	2,011,400	5	1,175,200	5	61	7	24	4
치즈오븐 스파게티	137	7	42.1	6	1,301,500	7	753,500	7	49	4	31	7
미고랭	212	5	45.5	9	2,332,000	3	1,272,000	3	62	8	28	6
해물크림 스파게티	113	9	47.4	11	1,073,500	9	565,000	11	77	10	50	11
커리크림 스파게티	214	4	41.1	3	2,033,000	4	1,198,400	4	57	5	20	2
미트볼 스파게티	112	10	41.6	4	996,800	11	582,400	10	85	11	46	10
버섯 스파게티	103	11	42.4	7	1,019,700	10	587,100	9	32	3	40	9
햄 스파게티	119	8	45	8	1,130,500	8	678,300	8	26	2	34	8
김치 스파게티	245	2	40.9	1	2,695,000	2	1,592,500	2	23	1	8	1
마파두부 스파게티	173	6	41.0	2	1,816,500	6	1,072,600	6	59	6	26	5

☆☆ 종합법

메뉴명	메뉴엔지니어링 결과	순위법 결과(종합판정 %)	종합판정
까르보나라	PH	3　(27.3%)	C
미트소스 스파게티	PH	4　(36.4%)	C
치즈오븐 스파게티	PH	7　(63.7%)	D
미고랭	Star	6　(54.6%)	C
해물크림 스파게티	Dog	11　(100%)	G
커리크림 스파게티	PH	2　(18.2%)	B
미트볼 스파게티	Dog	10　(91%)	G
버섯 스파게티	PUZ	9　(81.9%)	F
햄 스파게티	PUZ	8　(72.8%)	E
김치 스파게티	Star	1　(9.1%)	A
마파두부 스파게티	Star	5　(45.5%)	B

☆☆ 의사결정

메뉴명	메뉴엔지니어링 결과	종합판정	결과해석	의사결정
까르보나라	PH	C	현행유지	원가를 낮추고, 조리의 간편화를 한다.
미트소스 스파게티	PH	C	현행유지	원가를 낮추고, 홍보로 판매량을 늘린다.
치즈오븐 스파게티	PH	D	필수 조정대상	원가를 낮추고, 홍보로 판매량을 늘린다.
미고랭	Star	C	조정 대상	원가를 낮추고, 조리의 간편화를 한다.
해물크림 스파게티	Dog	G	탈락 후 대체 메뉴	'신메뉴 구상' 원가를 낮추고, 조리의 간편화를 한다.
커리크림 스파게티	PH	B	현행유지	원가를 낮추고, 조리의 간편화를 한다.
미트볼 스파게티	Dog	G	탈락 후 대체 메뉴	'신메뉴 구상' 원가를 낮추고, 조리의 간편화를 한다
버섯 스파게티	PUZ	F	탈락 후 대체 메뉴	'신메뉴 구상' 홍보로 판매량을 늘린다.
햄 스파게티	PUZ	E	필수 조정 대상	홍보로 판매량을 늘린다.
김치 스파게티	Star	A	대표메뉴로 바꿈	판매가격을 올리고, 홍보로 판매량을 늘린다.
마파두부 스파게티	Star	B	현행유지	조리의 간편화를 하고 홍보로 판매량을 늘린다.

2) Ⅲ장 모의문제 답안

① 모의문제 1

✱✱ 시계열적 동적 분석

구분 / 메뉴명	2003년 상반기			2003년 하반기			2002년 상반기			2002년 하반기			2001년 상반기			2001년 하반기		
	4분 면법	순위법	종합법	4분 면법	순위법	종합법	4분 면법	순위법	종합법	4분 면법	순위법	종합법	4분 면법	순위법	종합법	4분 면법	순위법	종합법
돈까스	PH	1	B	PH	1	B	PH	1	B	PH	1	B	PH	1	B	PH	1	B
생선까스	PH	4	C	PH	5	C	PH	4	C	PH	6	D	PH	6	D	PH	5	C
피자비후까스	Star	2	A	Star	2	A	Star	2	A	Star	3	B	Star	2	A	Star	2	A
해물볶음밥	PH	3	C	PH	3	C	PH	3	C	PH	2	B	PH	3	C	PH	3	C
오므라이스	PH	9	E	PH	8	D	PH	9	E	PH	8	D	PH	4	C	PH	9	E
멕시코볶음밥	Star	6	C	Star	5	B	Star	8	C	Star	5	B	Star	8	C	Star	6	C
참스테이크	Puz	4	D	Puz	4	D	Puz	5	D	Star	4	B	Puz	4	D	Star	4	B
불고기버거스테이크	Puz	9	F	Star	8	C	Star	7	C	Puz	9	F	Puz	9	F	Star	8	C
미트소스 스파게티	Dog	7	F	Dog	10	G	PH	9	E	Dog	9	G	PH	10	E	PH	10	E
포모도로스파게티	Dog	8	F	PH	5	C	PH	6	D	PH	7	D	PH	6	D	PH	7	D

✲✲ 종합등급 구성메뉴의 변화

등급	기간별 해당 메뉴명					
	2003년 상반기	2003년 하반기	2002년 상반기	2002년 하반기	2001년 상반기	2001년 하반기
A	피자비후까스	피자비후까스	피자비후까스		피자비후까스	피자비후까스
B	돈까스	돈까스, 멕시코볶음밥	돈까스	피자비후까스, 돈까스, 해물볶음밥, 멕시코볶음밥, 찹스테이크	돈까스	돈까스, 찹스테이크
C	생선까스, 멕시코볶음밥, 해물볶음밥	생선까스, 해물볶음밥, 불고기버거 스테이크, 포모도로 스파게티	생선까스, 멕시코볶음밥, 해물볶음밥, 불고기버거 스테이크		해물볶음밥, 멕시코볶음밥, 오므라이스	생선까스, 멕시코볶음밥, 해물볶음밥, 불고기버거 스테이크
D	찹스테이크	오므라이스, 찹스테이크	찹스테이크, 포모도로 스파게티	생선까스, 오므라이스, 포모도로 스파게티	생선까스, 찹스테이크, 포모도로 스파게티	포모도로 스파게티
E	오므라이스		오므라이스, 미트소스 스파게티		미트소스 스파게티	오므라이스, 미트소스 스파게티
F	불고기버거 스테이크, 미트소스 스파게티, 포모도로 스파게티			불고기버거 스테이크	불고기버거 스테이크	
G		미트소스 스파게티		미트소스 스파게티		

✳✳ 계절별 동적 분석

구분 / 메뉴명	봄			여름			가을			겨울		
	4분면법	순위법	종합법	4분면법	순위법	종합법	4분면법	순위법	종합법	4분면법	순위법	종합법
돈까스	PH	1	B	PH	1	B	PH	1	B	PH	1	B
생선까스	PH	5	C	PH	4	C	PH	8	D	Dog	10	G
피자비후까스	Star	2	A	Star	2	A	Star	2	A	Star	3	B
해물볶음밥	PH	3	C	PH	3	C	PH	3	C	PH	2	B
오므라이스	PH	8	D	PH	9	E	PH	8	E	PH	8	D
멕시코볶음밥	Star	6	C	Star	7	C	Star	6	C	Star	4	B
참스테이크	Star	4	B	Puz	6	E	Star	5	B	Star	5	B
불고기버거 스테이크	Puz	8	E	Puz	8	E	Puz	7	E	Star	8	C
미트소스 스파게티	PH	6	D	Dog	9	G	Dog	10	G	PH	7	D
포모도로 스파게티	Dog	10	F	PH	5	C	PH	4	C	PH	5	C

✲✲ 계절별 종합등급 변화

등급	계절별 해당 메뉴명			
	봄	여름	가을	겨울
A	피자비후까스	피자비후까스	피자비후까스	
B	돈까스, 찹스테이크	돈까스	돈까스, 찹스테이크	돈까스, 피자비후까스, 해물볶음밥, 멕시코볶음밥, 찹스테이크
C	생선까스, 해물볶음밥, 멕시코 볶음밥	생선까스, 해물볶음밥, 멕시코볶음밥, 포모도로 스파게티	해물볶음밥, 멕시코볶음밥, 포모도로 스파게티	불고기버거 스테이크
D	오므라이스, 미트소스 스파게티		생선까스,	오므라이스, 미트소스 스파게티, 포모도로 스파게티
E	불고기버거 스테이크	오므라이스, 찹스테이크, 불고기버거 스테이크	오므라이스, 불고기버거 스테이크	
F	포모도로 스파게티			
G		미트소스 스파게티	미트소스 스파게티	생선까스

✸✸ 추이분석

메뉴명	2003년 상반기			2003년 하반기			2002년 상반기			2002년 하반기			2001년 상반기			2001년 하반기			봄			여름			가을			겨울		
	4분	순위	종합	4분	순위	종합	4분	순위	종합	4분	순위	종합	4분	순위	종합	4분	순위	종합	4분	순위	종합	4분	순위	종합	4분	순위	종합	4분	순위	종합
돈까스	PH	1	B	PH	1	B	PH	1	B	PH	1	B	PH	1	B	PH	1	B	PH	1	B	PH	1	B	PH	1	B	PH	1	B
생선까스	PH	4	C	PH	5	C	PH	4	C	PH	6	D	PH	6	D	PH	5	C	PH	5	C	PH	4	C	PH	8	D	Dog	10	G
피자비후까스	Star	2	A	Star	2	A	Star	2	A	Star	3	B	Star	2	A	Star	2	A	Star	2	A	Star	2	A	Star	2	A	Star	3	B
해물볶음밥	PH	3	C	PH	3	C	PH	3	C	PH	2	B	PH	3	C	PH	3	C	PH	3	C	PH	3	C	PH	3	C	PH	2	B
오므라이스	PH	9	E	PH	8	D	PH	9	E	PH	8	D	PH	4	C	PH	9	E	PH	8	D	PH	9	E	PH	8	E	PH	8	D
멕시코볶음밥	Star	6	C	Star	5	B	Star	8	C	Star	5	B	Star	8	C	Star	6	C	Star	6	C	Star	7	C	Star	6	C	Star	4	B
참스테이크	Puz	4	D	Puz	4	D	Puz	5	D	Star	4	B	Puz	4	D	Star	4	B	Star	4	B	Puz	6	E	Star	5	B	Star	5	B
불고기버거 스테이크	Puz	9	F	Star	8	C	Star	7	C	Puz	9	F	Puz	9	F	Star	8	C	Puz	8	E	Puz	8	E	Puz	7	E	Star	8	C
미트소스 스파게티	Dog	7	F	Dog	10	G	PH	9	E	Dog	9	G	PH	10	E	PH	10	E	PH	6	D	Dog	9	G	Dog	10	G	PH	7	D
포모도로 스파게티	Dog	8	F	PH	5	C	PH	6	D	PH	7	D	PH	6	D	PH	7	D	Dog	10	F	PH	5	C	PH	4	C	PH	5	C

② 모의 문제 2

✱✱ 시계열적 동적 분석

구분 메뉴명	2003년 상반기			2003년 하반기			2002년 상반기			2002년 하반기			2001년 상반기			2001년 하반기		
	4분 면법	순위 법	종합법	4분 면법	순위법	종합법	4분 면법	순위법	종합법	4분 면법	순위법	종합법	4분 면법	순위법	종합법	4분 면법	순위법	종합법
화히타 랩	Star	2	C	Star	6	C	Star	1	C	Star	5	C	Star	4	C	Star	5	C
치킨 시저 랩	Star	8	B	Star	9	B	Star	3	B	Star	1	B	Star	2	B	Star	2	B
그릴드 쉬림프 알프레도	Star	5	G	Star	3	G	Star	2	E	Star	6	E	Star	5	G	Star	5	G
그릴드 베이비백 립스	PH	1	B	PH	4	C	PH	7	A	PH	7	A	PH	10	F	Dog	10	F
몬테레이 치킨	PH	7	F	PH	7	F	PH	8	F	PH	9	E	PH	6	D	PH	9	F
립아이 스테이크	Star	5	B	Star	5	B	Star	6	B	Star	4	A	Star	7	A	Star	7	B
텐더로인 팁	Satr	2	E	Satr	2	E	Satr	3	D	Satr	1	E	Satr	3	B	Satr	1	D
스트립 스테이크	PH	9	E	PH	8	A	PH	9	E	PH	8	B	PH	9	F	PH	8	A
케이준 치킨 샌드위치	Star	2	D	Star	1	D	Star	3	E	Star	3	F	Star	8	F	Star	4	F
올드타이머	PH	10	C	PH	10	F	PH	10	D	PH	10	E	PH	1	F	PH	3	F

✽✽ 종합등급 구성메뉴의 변화

등급	기간별 해당 메뉴명					
	2003년 상반기	2003년 하반기	2002년 상반기	2002년 하반기	2001년 상반기	2001년 하반기
A		스트립 스테이크	그릴드 베이비 백립스,	그릴드 베이비 백립스, 립아이 스테이크	립아이 스테이크	스트립 스테이크
B	치킨 시저 랩, 그릴드 베이비 백립스, 립아이 스테이크	치킨 시저 랩, 립아이 스테이크	치킨 시저 랩, 립아이 스테이크	치킨 시저 랩, 스트립 스테이크	치킨 시저 랩, 텐더로인 팁,	치킨 시저 랩, 립아이 스테이크
C	화히타 랩, 올드타이머	화히타 랩, 그릴드 베이비 백립스,	화히타 랩	화히타 랩	화히타 랩	화히타 랩
D	케이준 치킨 센드위치	케이준 치킨 센드위치	텐더로인 팁, 올드타이머		몬테레이 치킨	텐더로인 팁,
E	텐더로인 팁, 스트립 스테이크	텐더로인 팁,	그릴드 쉬림프 알프레도, 스트립 스테이크, 케이준 치킨 센드위치	그릴드 쉬림프 알프레도, 몬테레이 치킨, 텐더로인 팁, 올드타이머		
F	몬테레이 치킨	몬테레이 치킨, 올드타이머	몬테레이 치킨	케이준 치킨 센드위치	스트립 스테이크, 케이준 치킨 센드위치, 올드타이머	몬테레이 치킨, 케이준 치킨 센드위치, 올드타이머
G	그릴드 쉬림프 알프레도	그릴드 쉬림프 알프레도			그릴드 쉬림프 알프레도, 그릴드 베이비 백립스,	그릴드 쉬림프 알프레도, 그릴드 베이비 백립스,

✻✻ 계절별 동적 분석

구분 메뉴명	봄			여름			가을			겨울		
	4분 면법	순위법	종합법	4분 면법	순위법	종합법	4분 면법	순위법	종합법	4분 면법	순위법	종합법
화히타 랩	PH	8	C	PH	8	C	Star	5	C	Star	4	C
치킨 시저 랩	PH	2	B	PH	1	B	Star	1	B	Star	1	B
그릴드 쉬림프 알프레도	Dog	3	G	Dog	4	G	Star	2	G	Star	2	G
그릴드 베이비 백 립스	PH	6	B	PH	7	B	PH	6	B	PH	7	B
몬테레이 치킨	Puz	8	F	Puz	10	F	PH	10	F	PH	10	F
립아이 스테디크	Star	3	B	Star	5	C	Star	2	B	Star	3	B
텐더로인 팁	Puz	5	E	Puz	2	D	Star	8	E	Star	7	E
스트립 스테디크	Puz	7	E	Puz	8	E	PH	6	B	PH	9	B
케이준 치킨 샌드위치	PH	10	E	PH	6	D	Star	8	F	Star	5	F
올드타이머	Dog	1	E	Dog	2	E	PH	4	F	PH	5	F

✿ 계절별 종합등급 변화

등급	계절별 해당 메뉴명			
	봄	여름	가을	겨울
A				
B	치킨 시저 랩, 그릴드 베이비 백 립스, 립아이 스테이크	치킨 시저 랩, 그릴드 베이비 백 립스	치킨 시저 랩, 그릴드 베이비 백 립스, 립아이 스테이크, 스트립 스테이크	치킨 시저 랩, 그릴드 베이비 백 립스, 립아이 스테이크, 스트립 스테이크
C	화히타 랩	화히타 랩, 립아이 스테이크, 텐더로인 팁	화히타 랩	화히타 랩
D	텐더로인 팁	케이준 치킨 샌드위치	텐더로인 팁	텐더로인 팁
E	스트립 스테이크, 케이준 치킨 샌드위치, 올드타이머	스트립 스테이크, 올드타이머		
F	몬테레이 치킨	몬테레이 치킨	몬테레이 치킨, 케이준 치킨 샌드위치, 올드타이머	몬테레이 치킨, 케이준 치킨 샌드위치, 올드타이머
G	그릴드 쉬림프 알프레도	그릴드 쉬림프 알프레도	그릴드 쉬림프 알프레도	그릴드 쉬림프 알프레도

✲✲ 추이분석

메뉴명	2003년 상반기			2003년 하반기			2002년 상반기			2002년 하반기			2001년 상반기			2001년 하반기			봄			여름			가을			겨울		
	4분	순위	종합	4분	순위	종합	4분	순위	종합	4분	순위	종합	4분	순위	종합	4분	순위	종합	4분	순위	종합	4분	순위	종합	4분	순위	종합	4분	순위	종합
화히타 랩	Star	2	C	Star	6	C	Star	1	C	Star	5	C	Star	4	C	Star	5	C	PH	8	C	PH	8	C	Star	5	C	Star	4	C
치킨 시저 랩	Star	8	B	Star	9	B	Star	3	B	Star	1	B	Star	2	B	Star	2	B	PH	2	B	PH	1	B	Star	1	B	Star	1	B
그릴드 쉬림프 알프레도	Star	5	G	Star	3	G	Star	2	E	Star	6	E	Star	5	G	Star	5	G	Dog	3	G	Dog	4	G	Star	2	G	Star	2	G
그릴드 베이비 백 립스	PH	1	B	PH	4	C	PH	7	A	PH	7	A	PH	10	F	Dog	10	F	PH	6	B	PH	7	B	PH	6	B	PH	7	B
몬테레이 치킨	PH	7	F	PH	7	F	PH	8	F	PH	9	E	PH	6	D	PH	9	F	Puz	8	F	Puz	10	F	PH	10	F	PH	10	F
립아이 스테이크	Star	5	B	Star	5	B	Star	6	B	Star	4	A	Star	7	A	Star	7	B	Star	3	B	Star	5	C	Star	2	B	Star	3	B
텐더로인 팁	Sati	2	E	Sati	2	E	Sati	3	D	Sati	1	E	Sati	3	B	Sati	1	D	Puz	5	E	Puz	2	D	Star	8	E	Star	7	E
스트립 스테이크	PH	9	E	PH	8	A	PH	9	E	PH	8	B	PH	9	F	PH	8	A	Puz	7	E	Puz	8	E	PH	6	B	PH	9	B
케이준 치킨 샌드위치	Star	2	D	Star	1	D	Star	3	E	Star	3	F	Star	8	F	Star	4	F	PH	10	E	PH	6	D	Star	8	F	Star	5	F
올드타이머	PH	10	C	PH	10	F	PH	10	D	PH	10	E	PH	1	F	PH	3	F	Dog	1	E	Dog	2	E	PH	4	F	PH	5	F

3) Ⅴ장 모의문제 답안

① 모의문제 1

✥✥ 시뮬레이션을 위한 자료 변환표-I

(매출액/마진단위 천원)

메뉴명	판매가	판매량	매출액	마진	의사결정	비고
생갈비	18,000	1,650	29,700	14,950	유지	
생등심	20,000	960	19,200	10,080	유지	
차돌박이	15,000	730	10,950	5,110	조정	
양념갈비	15,000	2,730	40,950	21,840	유지	
모듬구이	16,000	430	6,880	3,225	조정	
너비아니	18,000	150	2,700	1,125	탈락	
불고기	12,000	270	3,240	1,755	탈락	
불낙전골	14,000	1,400	19,600	10,500	유지	
계		8,320	133,220	68,485		

✖✖ 시뮬레이션 계산 과정표

(매출액/마진단위 천원)

메뉴명	실적				의사결정		* 1 조정률	*2 판매량변화
	판매가격	판매수량	매출액	마진	방법	조정		
생갈비	18,000	1,650	29,700	14,850	유지			A
생등심	20,000	960	19,200	10,080	유지			B
차돌박이	15,000	730	10,950	5,110	조정	+ 1,000	↑6.7%	C
양념갈비	15,000	2,730	40,950	21,840	유지			D
모듬구이	16,000	430	6,880	3,225	조정	-1,000	↓6.3%	E
너비아니	18,000	150	2,700	1,125	탈락			F
불고기	12,000	270	3,240	1,755	탈락			G
불낙전골	14,000	1,400	19,600	10,500	유지			H
안창살	14,000	-	-	-	신규			I
계		8,320	133,220	68,485				

<계산과정>

가. 기본원리대로 계산

- 차돌박이 0.067 인상 → 70%인 4.7%만큼 감소

    → 730-(730×0.047)=<u>696</u>(34개 감소)

    → 34는 생갈비(1,650) : 생등심(960) : 양념갈비(2,730) : 모듬구이(430) : 불낙전골(1,400)의 비율로 증가

    → 23.0%(8) : 13.4%(5) : 38.1%(13) : 6.0(2) : 19.5%(6)

    → 생갈비 8, 생등심 5, 양념갈비 13, 모듬구이 2, 불낙전골 6 만큼씩 증가

- 모듬구이 0.063인하 → 70%인 4.4%만큼 증가

    → 430+(430×0.044)=<u>449</u>(19개 증가)

    → 19는 생갈비(1,650) : 생등심(960) : 차돌박이(730) : 양념갈비(2,730) : 불낙전골(1,400)의 비율로 감소

    → 22.1%(4) : 12.9%(2) : 9.8%(2) : 36.5(7) : 18.7%(4)

    → 생갈비 4, 생등심 2, 차돌박이 2, 양념갈비 7, 불낙전골 4 만큼씩 감소

나. 탈락 메뉴 고려

- 너비아니 150 → 나머지 생갈비(1,650) : 생등심(960) : 차돌박이(730) : 양념갈비(2,730) : 모듬구이(430) : 불낙전골(1,400)의 비율로 증가

    → 20.9%(31) : 12.2%(18) : 9.2%(14) : 34.6(52) : 5.4%(8) : 17.7%(27)

    → 생갈비 31, 생등심 18, 차돌박이 14, 양념갈비 52, 모듬구이 8, 불낙전골 27 증가

- 불고기 270 → 너비아니와 동일비율로 판매증가

    → 생갈비 56, 생등심 33, 차돌박이 25, 양념갈비 93, 모듬구이 15, 불낙전골 45 증가

다. 신규메뉴 도입

- MM(판매수량기준) = 7,900÷6(잔류 메뉴 수)×0.7=922의 50%인 <u>461</u>개가 예측판매량

→ 따라서 탈락메뉴와 동일한 방법으로 계산하고 그 결과만큼 판매량 감소

→ 생갈비 96, 생등심 56, 차돌박이 42, 양념갈비 160, 모듬구이 25, 불낙전골 82 감소

라. 메뉴별 계산

A. 생갈비

　실적 1,650 + (+8-4) + (31+56) + (96) = 1,645
　　　　　　　　가　　　　　　나　　　다

B. 생등심

　실적 960 + (+5-2) + (18+33) + (-56) = 958
　　　　　　　가　　　　나　　　다

C. 차돌박이

　실적 730 + (696-2) + (14+25) + (-42) = 691
　　　　　　　가　　　　나　　　다

D. 양념갈비

　실적 2,730 + (+13-7) + (52+93) + (-160) = 2,721
　　　　　　　　가　　　　나　　　다

E. 모듬구이

　실적 430 + (449+2) + (8+15) + (-25) = 449
　　　　　　　가　　　　나　　　다

F. 너비아니

　탈락 = 0

G. 불고기

　탈락 = 0

H. 불낙전골

　실적 1,400 + (+6-4) + (27+45) + (-82) = 1,392
　　　　　　　　가　　　　나　　　다

I. 안창살

　신규메뉴 '다'에서 461개로 예측

✖✖ 실적대비 효과 계산표

(매출액/마진단위 천원)

메뉴명	실적				조정 후 예측치				효과	
	가격	판매량	매출액	마진	가격	판매량	매출액	마진	매출	마진
생갈비	18,000	1,650	29,700	14,850	18,000	1,645	29,610	14,805		
생등심	20,000	960	19,200	10,080	20,000	958	19,160	10,059		
차돌박이	15,000	730	10,950	5,110	16,000	691	11,056	5,528		
양념갈비	15,000	2,730	40,950	21,840	15,000	2,721	40,815	21,768		
모듬구이	16,000	430	6,880	3,225	15,000	449	6,735	2,919		
너비아니	18,000	150	2,700	1,125	–	–	–	–		
불고기	12,000	270	3,240	1,755	–	–	–	–		
불낙전골	14,000	1,400	19,600	10,500	14,000	1,392	19,488	10,440		
안창살					14,000	461	6,454	3,688		
계		8,320	133,220	68,485	·	·	133,318	69,207	98	722

② 모의문제 2

✲✲ 시뮬레이션을 위한 자료 변환표 I

(매출액/마진단위　천원)

메뉴명	판매가	판매량	매출액	마진	의사결정	비고
곰탕	4,000	3,500	14,000	8,400	유지	
설렁탕	4,000	1,600	6,400	3,680	유지	
육계장	4,500	700	3,150	1,890	탈락	
꼬리곰탕	6,000	900	5,400	2,970	조정	
도가니탕	8,000	300	2,400	1,440	탈락	
우거지탕	3,500	7,500	26,250	17,250	유지	
해장국	4,000	3,000	12,000	7,800	유지	
감자탕	5,000	600	3,000	1,850	조정	
김치전골	5,500	1,700	9,350	5,780	유지	
계		19,800	81,950	51,070		

✗✗ 시뮬레이션 계산 과정표

(매출액/마진단위 천원)

메뉴명	실적				의사결정		*1 조정률	*2 판매량변화
	판매가격	판매수량	매출액	마진	방법	조정		
곰　탕	4,000	3,500	14,000	8,400	유지			A
설렁탕	4,000	1,600	6,400	3,680	유지			B
육계장	4,500	700	3,150	1,890	탈락			C
꼬리곰탕	6,000	900	5,400	2,970	조정	+ 500	↑8.3%	D
도가니탕	8,000	300	2,400	1,440	탈락			E
우거지탕	3,500	7,500	26,250	17,250	유지			F
해장국	4,000	3,000	12,000	7,800	유지			G
감자탕	5,000	600	3,000	1,860	조정	-500	↓10%	H
김치전골	5,500	1,700	9,350	5,780	유지			I
사골뚝배기	5,000	-	-	-	신규			J
돌솥밥	6,000	-	-	-	신규			K
계								

<계산과정>

가. 기본원리대로 계산

- 꼬리곰탕 0.083인상 → 70%인 0.058만큼 판매량 감소

　　→ 900-(900×0.0580)=<u>848</u>(52개 감소)

　　→ 52는 곰탕(3,500) : 설렁탕(1,600) : 우거지탕(7,500) : 해장국(3,000) : 감
자탕(600) : 김치 전골(1,700)의 비율로 감소

　　→ 19.5%(10) : 8.9%(4) : 41.9%(22) : 16.8%(9) : 3.4%(2) : 9.5%(5)

　　→ <u>곰탕 10, 설렁탕 4, 우거지탕 22, 해장국 9, 감자탕 2, 김치전골 5 만큼씩 증가</u>

- 감자탕 0.10 인하 → 70%인 0.07만큼 판매량 증가

  → 600＋(600×0.07)＝<u>642</u>(42개 증가)

  → 42는

  → 19.2%(8) : 8.8%(4) : 4.9%(2) : 41.2%(17) : 16.5%(7) : 9.53(4)

  → <u>곰탕 8, 설렁탕 4, 꼬리곰탕 22, 우거지탕 279, 해장국 111, 감자탕 34, 김치</u>
  <u>전골 63 만큼씩 증가</u>

나. 탈락메뉴 고려

- 육개장 700 → 나머지 곰탕(3,500) : 설렁탕(1,600) : 꼬리곰탕(900) : 우거지탕
  (7,500) : 해장국(3,000) : 김치 전골(1,700)의 비율로 판매 증가

  → 18.6%(130) : 8.5%(60) : 3.2%(22) : 39.9%(279) : 15.9%(111) :
  4.8(34) : 90(63)

- 도가니탕 300 → 육개장과 동일비율로 판매증가

  → 곰탕 56, 설렁탕 26, 꼬리곰탕 10, 우거지탕 120, 해장국 48, 감자탕 14, 김치
  전골 27 만큼씩 증가

다. 신규메뉴 도입

- MM(판매수량기준)＝18,800÷7(잔류 메뉴 수)×0.7＝1,880의 50%인 940개가
  팔릴 것으로 예측

  → 사골 뚝배기, 돌솥밥 동일. 그러므로 총 1,880개 신규메뉴 판매 예측

  → 따라서 탈락메뉴와 동일한 방법으로 계산하고 그 결과만큼 판매량 감소

  → <u>곰탕 350, 설렁탕 160, 꼬리곰탕 60, 우거지탕 750, 해장국 299, 감자탕 90,</u>
  <u>김치전골 169 만큼씩 감소</u>

라. 메뉴별 계산

A. 곰탕

  실적 3,500 ＋ <u>(＋10-8)</u> ＋ <u>(130＋56)</u> ＋ <u>(-350)</u> ＝ 3,334
  　　　　　　　가　　　　　나　　　　　다

B. 설렁탕

실적 1,600 + <u>(+4-4)</u> + <u>(160+26)</u> + <u>(-5160)</u> = 1,526
　　　　　　　가　　　　　나　　　　다

C. 육개장

탈락 = 0

D. 꼬리곰탕

실적 900 + <u>(848-2)</u> + <u>(22+10)</u> + <u>(-60)</u> = 8.8
　　　　　　가　　　　나　　　다

E. 도가니탕

탈락 = 0

F. 우거지탕

실적 7,500 + <u>(+22-17)</u> + <u>(279+120)</u> + <u>(-750)</u> = 7,154
　　　　　　　가　　　　　나　　　　다

G. 해장국

실적 3,000 + <u>(+9-7)</u> + <u>(111+48)</u> + <u>(-299)</u> = 2,862
　　　　　　가　　　　나　　　다

H. 감자탕

실적 600 + <u>(642+2)</u> + <u>(34+14)</u> + <u>(-90)</u> = 602
　　　　　가　　　　나　　　다

I. 김치전골

실적 1,700 + <u>(+5-4)</u> + <u>(63+27)</u> + <u>(-169)</u> = 1,622
　　　　　　가　　　　나　　　다

J. 사골 뚝배기

신규메뉴 '다'에서 940개로 예측

K. 돌솥밥

신규메뉴 '다'에서 940개로 예측

✲ 실적대비 효과 계산표

(매출액/마진단위 천원)

메뉴명	실적				조정 후 예측치				효과	
	가격	판매량	매출액	마진	가격	판매량	매출액	마진	매출	마진
곰탕	4,000	3,500	14,000	8,400	4,000	3,334	13,336	8,002		
설렁탕	4,000	1,600	6,400	3,680	4,000	1,526	6,104	3,510		
육계장	4,500	700	3,150	1,890	-	-	-	-		
꼬리곰탕	6,000	900	5,400	2,930	6,500	818	5,317	3,108		
도가니탕	8,000	300	2,400	1,440	-	-	-	-		
우거지탕	3,500	7,500	26,250	17,250	3,500	7,154	25,039	16,454		
해장국	4,000	3,000	12,000	7,800	4,000	2,862	11,448	7,441		
감자탕	5,000	600	3,000	1,860	4,500	602	2,709	1,565		
김치전골	5,500	1,700	9,350	5,780	5,500	1,622	8,921	5,515		
시골뚝배기	-				5,000	940	4,700	2,632		
돌솥밥	-				6,000	940	5,640	3,196		
계		19,800	81,950	51,070			83,214	51,432	1,264	353

2. 작업시트 찾아보기

II. 메뉴엔지니어링의 기본 -정적분석

III. 메뉴엔지니어링의 한발 더 내딛기 -동적분석

IV. 계량 분석의 한계 극복 -정성적 분석

V. 의사결정과 효과 예측 시뮬레이션

찾 · 아 · 보 · 기

저자소개　▪ **강 성 부 교수**

- 고려대 경영학 석사
- 연세대 식품영양학 박사과정
- 쉐라톤워커힐 조리장
- 삼성에버랜드 조리교육팀장 역임
- 현재 우송대 외식조리학과 조교수
  신세계푸드시스템 자문 교수

▪ **우송대학교 외식조리 T & C 연구소 소장**

「T & C」란 Training & Consulting의 약자로서, 산업체 현직 조리사에 대한 능력향상 교육과정 개발 및 운영, 조리/주방 시스템 및 레스토랑 경영 전반에 대한 컨설팅 관련 업무를 수행하고 있습니다.

주요연구영역 : 메뉴분석운영, 조리교육체계, 조리인력 평가 및 조리
　　　　　　　　교육 평가, 진로 컨설팅, 레스토랑 마케팅의 경영전반

Home page ⇒ www. sungbool.pe.kr

계량적 메뉴관리 방법론
-메뉴엔지니어링을 넘어서-

2004년 12월 10일	초판 인쇄
2004년 12월 20일	초판 발행

저　　자 • 강 성 부

발 행 인 • 김 홍 용

펴 낸 곳 • 도서출판 **효　일**

주　　소 • 서울시 동대문구 용두2동 102-201

전　　화 • 02) 928 − 6644 ~ 5

팩　　스 • 02) 927 − 7703

홈페이지 • www.hyoilbooks.com

등　　록 • 1987년 11월 18일 제 6−0045호

값　15,000원

ISBN : 89-8489-131-2